JN271771

激化する
水災害
から学ぶ

土屋 十圀 著

鹿島出版会

まえがき

　地球規模の水災害が激化している。災害は常に変化し、決まったパターンでは現れない。社会の発展とともに流域や地域が変貌し、災害も進化しているという。しかし、近年の水災害は、それらの認識を超えて人間や社会に大きなインパクトを与えている。その上、複合的な水災害が多くなってきた。ここで複合的という意味は、必ずしも時空間的に同時に複数の災害が発生するということではなく、時間差を伴いながら発生する事象を意味している。また、自然災害のみならず、社会的災害であるということでもある。巨視的にみれば、地球温暖化の原因の一つが産業革命以降の人間の経済社会活動にあったということ自体が、社会的災害を引き起こしていることにほかならない。2007年、国連の気候変動に関する政府間パネル（IPCC）が報告したように、地球の平均気温や海水温の上昇に伴う台風の発生の激化、発生頻度は低いが台風・ハリケーンなどの巨大化、停滞前線による局地的な豪雨災害の増加が予測され、このところ確証的な災害が激化している。一方、渇水などによる水利用の不安定化や食料生産の減少が予測されている。

　2013年の水災害だけでも、異常な事態となっている。7月から9月の東北地方の山形・岩手両県の水害、土砂災害、中国地方・山口県・山陰地方の水害、近畿地方・京都の各地の水害、10月には台風26号による東京都伊豆大島の土砂災害、11月の台風30号のフィリピン・レイテ島などの高潮水害のように、東南アジアでは地域的・局地的に場所を変えて発生している。さらに遡れば、2012年7月の九州北部の熊本・大分両県の水害、2011年の紀伊半島吉野川、熊野川の土砂災害、タイのチャオプラヤ

川の4カ月も続いた洪水氾濫の被害、そして、3.11東日本大震災に伴う地震津波による東日本太平洋沿岸の大小の河川・河口・港湾施設の津波被害を直視しなければならない。2万人余の犠牲者のほとんどは津波によるものであった。

　すなわち、近年の水災害の特徴は「水文・気象現象」と「地球・物理的現象」に起因し、二分される。前者は気候変動であり、地球温暖化のもと異常気象・極端現象がもたらすものであると考えられる。巨大台風クラスの発生頻度は小さいが台風は増加の傾向にある。後者は地球内部の物理的活動に起因し、地球の活動期といわれ、巨大地震に伴う津波が地球規模で発生している。前者と比べ、発生頻度は小さいがメガスケールの甚大な被害をもたらし、福島第一原発の破壊のように100年後まで負の遺産を残し、社会に対する影響は最も大きい。その被害は広域的・複合的かつ長期的に続く。

　温暖化という人間活動がその要因の一つに加わった「水文・気象現象」、地球内部のマグマ活動と地殻変動による「地球・物理的現象」、これらの重複した荒ぶれる地球に対してわれわれは翻弄されている。2011年の東日本大震災を境に、また、巨大化する台風と被害を目の当りにし、人間の科学技術だけでは及ばない自然力の前に、工学的な知力の限界を強く意識させられている。これまで、水害が頻発すればするほどハードなものづくりで治水対策を進めてきた。平成のバブル崩壊までは経済成長を促すための都市開発が進み、道路、港湾、河川、下水道などのインフラ整備は続いた。社会的要請のもとに公共事業を促進し、同時に災害に対する安全・安心を根拠としてきた。それが今、巨大化する自然災害の前に打ち砕かれようとしている。

　一方、災害とは対極にある環境の分野では、これまでに自然環境の悪化、生態系の劣化を招いてしまった。公害問題に見られた水質の悪化や地盤沈下、健康被害、絶滅に追い込まれた身近な生きものなど失ったものも大きい。

　われわれは、経済発展の裏に「環境の悪化」や「水災害の激化」の二つの試練を、この半世紀で体験している。気がつけば社会経済がグロー

バル化しているように、地球という自然の動きもまた、パラレルに変動しているように見える。

「激化する水災害から何を学ぶか」という自問から、それならば、われわれ自身が過去の痕跡を振り返ってみる必要があるのではないかと思うようになった。あえて、河川の治水の諸課題を整理してみることにした。

本書の内容で示した研究は、いやしくも学術的価値が高い内容を披歴しているわけではない。著者自身が都市河川の現場を経験し、さらに、川と水害に関心と興味をもつ学生たちとともに調査・観測し、研究を通じて知り得た治水と水災害に関する技術的情報を取りまとめたものである。大学は教育とともに研究を論文にすることは使命でもある。しかし、同じ研究分野の人間だけが理解しているだけでは、自己満足に終わる。広範な問題を社会に提起し、議論をしていただくことが重要だと考えている。

本書の構成は、「激化する水災害」、「河川水害の社会性と要因」、「地震津波と河川」、「今あるものを活かし共存する技術」という4つのテーマに分け、治水問題の技術的な課題から3.11津波災害の調査まで、さらに、過去の歴史的な課題を取りあげて、私見も加えている。読者の方が興味のあるところからお読みいただけるように課題ごとにまとめている。今日の水災害を通して、水工学、河川工学に関心のある学生、技術者だけではなく、興味と関心のある社会人の方々にお読みいただき、ご意見、ご批判をいただければと考えている。

2014年 盛夏

目　次

まえがき ———*3*

1　激化する水災害

- 巨大台風30号ハイエンによる悲劇 ———*11*
- 中小河川の水害 ———*14*
- 内水氾濫と対策 ———*17*
- 地下河川の効果と課題 ———*22*
- 河道の治水施設と河川伝統工法 ———*30*
- 牛枠工の効果を確かめる ———*32*
  - (1) 河川の合流・湾曲部における水制工の効果とその影響 ———*32*
  - (2) 牛枠工群の乱流効果 ———*36*
  - (3) 牛枠工の実験結果のまとめ ———*39*
- 利根川の治水安全度 ———*41*
  - (1) ダムのなかった時代のカスリーン台風 ———*41*
  - (2) 基本高水の流量決定と安藝の指摘 ———*43*
  - (3) 河道貯留効果と既往研究 ———*45*
  - (4) 合流点における貯留効果 ———*46*
  - (5) 洪水をもたらした台風と降雨分布 ———*49*
  - (6) 洪水確率と近年の土地利用 ———*54*

2 河川水害の社会性と要因

- 現代に生きる諸国山川掟 ——— 61
- 神田川水害裁判の和解 ——— 66
  - (1) 都市化と水害 ——— 66
  - (2) 政策的・技術的課題 ——— 70

3 地震津波と河川 —2011.3.11の調査から—

- 岩手県の津波高と河川遡上 ——— 78
- 東北3県の津波と遡上特性 ——— 86
- 防潮林の役割と被害 ——— 90
  - (1) 防潮林調査 ——— 90
- ハード施設と防潮林との組み合わせ ——— 98
  - (1) 消波工による津波の低減効果 ——— 99
- 茨城県那珂川・久慈川の津波遡上 ——— 103
  - (1) 那珂川・涸沼川 ——— 103
  - (2) 支川の中丸川の被害 ——— 106
  - (3) 久慈川の津波被害 ——— 109
- 東京都心部の3.11津波と予測される巨大地震の津波 ——— 112
  - (1) 荒川・新河岸川・墨田川 ——— 112
  - (2) 巨大地震津波の神田川・日本橋川への影響 ——— 118

4 今あるものを活かし共存する技術

- ◆ ダムの事前放流による治水対策とハイドロパワー —— *131*
    - (1) 無効放流の多目的ダム —— *131*
    - (2) 発電専用ダムの課題 —— *131*
    - (3) 草木ダムと操作規制 —— *132*
    - (4) 無効放流量と全放流量の割合 —— *133*
    - (5) 東発電所の発電量とダム水位の関係 —— *134*
    - (6) 事前放流の検討 —— *135*
- ◆ 洪水による攪乱は生物多様性を生む —— *141*
    - (1) 洪水のもつ二面性 —— *141*
    - (2) 洪水攪乱と多様性 —— *142*
    - (3) 攪乱頻度の定義と秋川・北浅川
      および平井川の検証 —— *143*
- ◆ 都市の治水は河川と下水のコラボレーション —— *147*
    - (1) 行政の取り組みと水難遭遇人口 —— *147*
    - (2) 河川・下水道の豪雨災害への
      適応策は時間との戦い —— *149*

5 結びに

- ◆ 水災害の伝承 —— *156*
- ◆ 2014年IPCC部会報告と適応策・緩和策 —— *159*

あとがき —— *163*
索引 —— *167*

1 激化する水災害

◆ 巨大台風30号ハイエンによる悲劇

　2013年11月8日、巨大台風30号（ハイエン：Haiyan）がフィリピンを襲った。フィリピン政府の発表によると、この台風による被災者は950万人。そのうち少なくとも61万人が住む家を失っている（**写真1-1**）。当初、タクロバン市のあるレイテ州だけでも、死亡者は10,000人を超えるといわれている。1カ月後、12月7日のフィリピン国家災害対策本部発表では、死者5,796人、行方不明者1,779人（毎日新聞12月8日朝刊）。日本政府の援助は5,210万ドル（約52.1億円）、自衛隊1,000人の派遣を直ちに行っている。この台風はカテゴリー5のスーパー台風であり、最大瞬間風速90m/s、中心付近の最大風速65m/s、最低気圧895hPa、平均速度31.8km/

写真1-1　レイテ州の被害（NASAによる）

写真1-2 巨大台風30号（NASAによる）

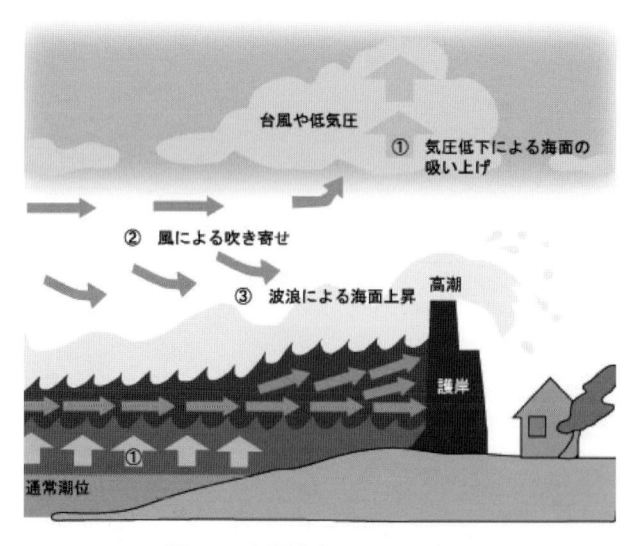

図1-1 高潮発生のメカニズム
（国土交通省京浜港湾事務所「馬堀海岸高潮対策事業」パンフレット）

h、寿命7日と12時間続いた（**写真1-2**）。台風の進路にあった住宅や構造物の約70〜80％が破壊された。この被害の特徴は異常な高潮であり、最大7mに達し、津波のように繰り返し襲来したと報じられている。

　高潮発生の仕組みは、台風の接近により気圧が低くなると海面が吸い上げられる。そこに暴風や強風により海水が海岸へ吹き寄せられ、通常4〜5mにも達している。さらに、海岸の地形や波浪の影響により局地的に潮位が高くなる。このように三つの事象が重なる高潮は「気象津波」とも呼ばれる（**図1-1**）。

　その後、この巨大台風30号はフィリピンを通過し、ベトナム、中国方面に向かい11月4日から11日まで続いた。タクロバン市が湾の奥にあり、高潮が集中しやすい地形のため被害が集中し、壊滅的な状況であった。もし、台風30号が少し緯度の高い日本列島の東京湾、大阪湾に向かっていたらと考えると、日本でも同様な被害が予想される。

　日本でも同様な高潮水害は、伊勢湾台風で経験しているが、これ以上の被害が発生していたと考えられる。1959（昭和34）年9月の伊勢湾台風第15号（国際名：ヴェラ〔Vera〕）は、9月21〜27日、寿命6日であり、最大風速75m/s、最低気圧895hPa、名古屋港の潮位5.81m。死者4,697名、行方不明者401名、負傷者38,921名の被害をもたらした。伊勢湾台風はハイエン同様にカテゴリー5のスーパー台風であった。この半世紀において、日本での台風で最悪の被害をもたらした。

　IPCC（国連の気候変動に関する政府間パネル）が予測したとおり、温暖化による気候変動の影響を確証するような、巨大化する台風の事例といえる。2007年にアメリカのニューオリンズを襲ったハリケーン・カトリーナでさえカテゴリー3クラスである。

　さて、振り返れば、2013年、日本列島は7〜9月の東北地方の山形・岩手両県の水害・土砂災害、北上川の氾濫があり、中国地方・山口県・山陰地方の水害で山口線沿線の被害、近畿地方では京都の保津川・桂川の河川氾濫、10月には台風26号による伊豆諸島大島の土砂災害と続き、暦の上では秋も終わりに近づく中での大水害のパンチである。最近の2000年以降、14年間の主な豪雨・水災害を**表1-1**に一覧で示した。

表1-1 最近の2000年以降の主な豪雨・水災害
(新聞・土木学会資料より作成)

2000年	東海豪雨・名古屋浸水・庄内川決壊：約7万戸浸水、停滞前線 台風第14・15・17号、名古屋市：日降水量428mm、一般被害額：6,560億円
2003年	九州北部の梅雨前線豪雨・福岡市内御笠川氾濫、遠賀川水害
2004年	10個（観測史上最多）の台風上陸・兵庫県円山川破堤、 新潟・福井の梅雨前線豪雨・刈谷田川・足羽川の破堤、北海道沙流川の氾濫
2005年	東京23区・100mm/h以上の局地的豪雨・浸水被害・地下街浸水 台風14号大淀川・五ヶ瀬川洪水
2006年	中部・中国・九州梅雨前線豪雨・川内川・天竜川
2008年	愛知県岡崎市乙川146.5mm/h、3,500棟浸水
2009年	兵庫県佐用川の氾濫349.5mm/h台風9号、山口県佐波川水害72.5mm/h
2010年	鹿児島県奄美地方・住用川の氾濫131mm/h、703mm/日、台風13号
2011年	3.11：地震津波の被害、北上川、阿武隈川、那珂川など河口・海岸 　　　死者1.6万人・行方不明者3,200人・負傷者6,000人　計約2万人 7月：新潟・福島豪雨・只見川水害、信濃川溢水・刈谷田川決壊 8月：台風12号の豪雨・土砂災害　和歌山・奈良・三重の3県 　　　熊野川など1,808.5mm、死者49名・行方不明者55名・被災1,100カ所
2012年	九州北部水害、白川・矢部川、山国川決壊・氾濫、阿蘇816mm 死者30名、全壊半壊1,863棟、梅雨前線・集中豪雨
2013年	中国・山陰・東北・近畿地域の中小河川水害、土砂災害 津和野381.0mm/3日、山形・真室川町953.5mm、 福知山295mm/2日、京北・大津市300mm/2日以上、京都桂川など氾濫 伊豆大島豪雨死者39名　824mm/2日

◆ 中小河川の水害

　2004（平成16）年に土木学会水工学委員会の活動において、国土交通省国土技術政策総合研究所主任研究官の末次忠司さん（現山梨大学大学院教授）と「これからの中小河川のあり方について―減災と環境―」というテーマの河川技術シンポジウムを企画した。この時期は、中小河川の水害が頻発し、市民の身近にある中小河川にもっと目を向ける必要性が認識されていた。治水と環境との調和をどのように図ればいいのだろ

うか。1990年代から多自然型川づくりが実践の段階にあり、1997（平成9）年には河川法が改正され、これまでの治水・利水機能だけではなく環境機能が加えられ、住民参加の川づくりがルール化された。90年代は河川行政が大きな転機を迎えたが、日本の国土への計画的な位置づけや現場への適用について模索の段階にあった。

　河川技術シンポジウムの企画は、70〜80年代の公害の克服と都市のアメニティーの向上のための親水河川づくりのときのように、現場では親水機能の一面的な理解で、地域とはミスマッチな人工的な川づくりがなされたことが気がかりになっていたことが背景にある。

　一方、中小河川の治水対策の現状は、欧米と比較しても河川改修率が極めて低い現状にある。当時の北側国土交通大臣が国会での議論でも明らかにしているが、中小河川の改修計画は、都道府県管理一級河川77,000km、二級河川36,000km、合計113,000km、改修必要区間70,000kmであった。そのうち完成している区間は約1/3の23,000km程度。改修率の高い河川、完成している河川区間は都市が中心となっていた。国土交通省と政府の予算の重点配分の基準は、資産や人口が集中する都市部に集中している。その他、流域全体の視点から治水効果や下水事業など他の事業との整合性などが加味され包括的に決定されるとしている。完成

写真1-3　円山川の氾濫・豊岡市（写真提供：読売新聞）

しているといっても日本の中小河川の治水水準は2006（平成18）年現在、計画降雨に対しても治水安全度の確率は1/5～1/10程度、達成率は60％である（図1-2）。中小河川は大河川の本川との治水計画上の整合性

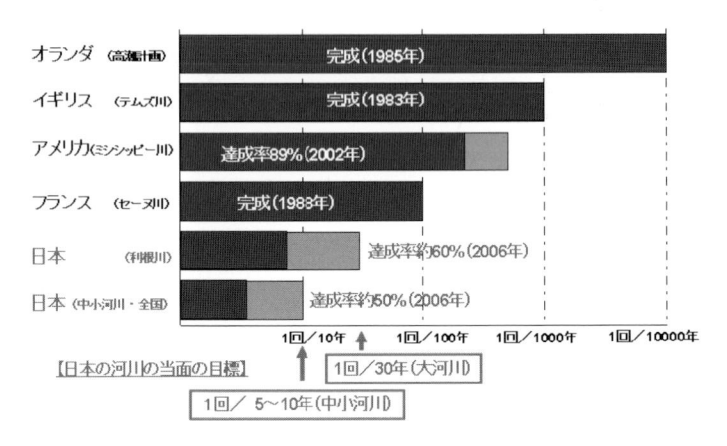

図1-2　治水整備水準の欧米との比較（国土交通省）

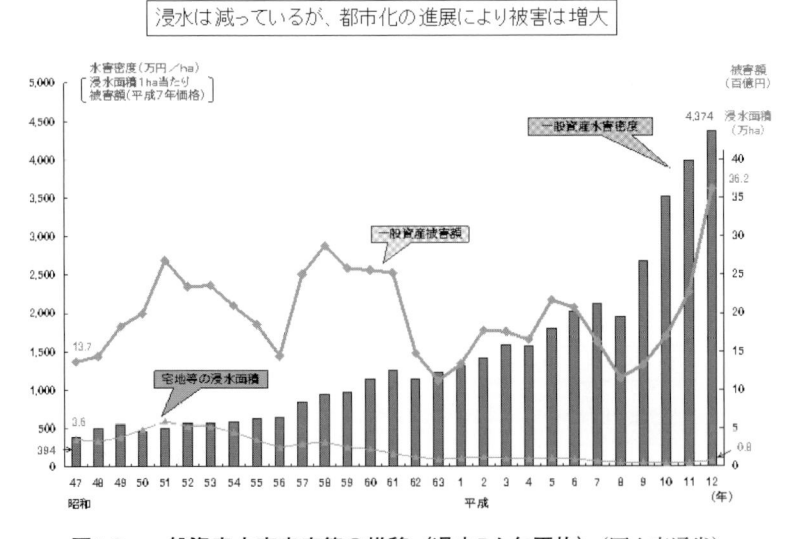

図1-3　一般資産水害密度等の推移（過去5カ年平均）（国土交通省）

が求められているとはいえ、今日の地球温暖化、異常気象のもと達成率も安全度も極めて低い。水災害が頻発している要因は、異常気象のみならず治水・減災対策の軽視にもあるのではないかとさえ懸念される。

2004（平成16）年は、皮肉にも日本列島に10個の台風が上陸し、新潟県信濃川水系の五十嵐川、刈谷田川をはじめ京都府由良川、福井県九頭竜川・足羽川、兵庫県円山川・出石川、北海道沙流川など地方の中小河川が破堤、氾濫し大被害を受けている。

一方、戦後の1947（昭和22）年カスリーン台風等のような利根川など大河川の氾濫、破堤は減少し、大きな水害が少なくなり、死者数も少なくなった。しかし、戦後高度経済成長とともに人口と資産・資本の都市への集中は、被害額を増大させた。宅地等の浸水面積は低下しているものの、浸水面積1ha当りの被害額（円）をみると、1992～2000年までの一般資産水害密度は増加の一途を示している（図1-3）。日本列島は急峻な地形、狭い低平地に、すなわち、全国土の氾濫原10％の土地に50％の人口と資産の75％が集中している。その上、気象学的にも自然災害の多い、脆弱な日本の国土を考えれば、これからも河川の治水・防災事業は無駄ではなく、計画的に行われるべきである。

◆ 内水氾濫と対策

河川には技術的な専門用語があり、その一つに、堤内地と堤外地がある。簡単にいうと堤防の外側、すなわち川の水が流れている空間を堤外地という。それに対して、護岸や堤防の内側、すなわち人々が居住し生活している空間を堤内地という。河川工学を学んでいないと間違えやすい用語である。川は海につながり、陸域と隔たりを持つからである。河川がいったん堤防を越えて氾濫したり、堤防が決壊したりして堤内地に氾濫することが多いが、これは単なる氾濫ではなく外水氾濫ともいう。それに対して、内水氾濫とは、居住している地域の道路や住宅地で氾濫が起こる状態をいう。この内水氾濫は、道路、下水管、側溝、小排水路など雨水の排水や生活排水が流れる場所で起こり、近年、都市では、図

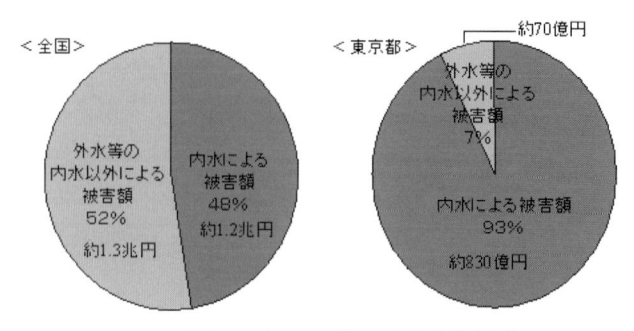

<全国>
外水等の内水以外による被害額 52% 約1.3兆円
内水による被害額 48% 約1.2兆円

<東京都>
約70億円
外水等の内水以外による被害額 7%
内水による被害額 93% 約830億円

平成6～15年の10年間の合計（水害統計より）

図1-4 内水による被害額の割合（国土交通省）

1-4に示したように内水・外水による被害額の割合でみると内水氾濫が極めて多い。道路、住宅地、工場地帯の雨水は公共下水道により排水され、下水処理場で処理され、やがて河川、海に直接排水されている。しかし、低平地、埋立地などでは自然流下方式では難しいため、大型の排水ポンプによって河川や海などの堤外地に排水している。都市では昨今の集中豪雨、大雨によってこれが機能しないことが多く、その被害に対する原因と住民に対する被害補償がしばしば問題となる。被害を受けた住民にとっては水災害なのであるが、行政内部では下水道分野と河川分野の責任分担の問題が発生する。雨水排水処理には下水道法と河川法が関係し、事業の性格、進捗状況が異なり、連携していないことが多いためである。

下水道法の目的は下水道の整備を行い、都市の健全な発達、公衆衛生の向上および公共用水域の水質保全を図ることにある。現在の下水道法は、1900（明治33）年制定の旧下水道法を廃止し、1958（昭和33）年に制定され、1959（昭和34）年4月23日に施行された。最近の改正は2005（平成17）年に行われている。この目的に内水排除があり、都市部に降った雨水を速やかに流し去ることにより、水害を防止することであり、すなわち治水対策が加えられている。

ここでいう水害とは、水災害すなわち洪水や高潮など、水によりもたらされる個人的・社会的被害の総称を水災といい、これを制御することが目的として決められている。下水道は**図1-5**に示すように、合流式と分

流式があり、前者は家庭からの汚水と道路や屋根からの雨水を一緒に処理する。下水道管路から処理場に送られ、活性汚泥法などで処理されて川や海など公共水域に放流される。しかし、3Q以上（計画最大汚水量の3倍までは雨水を川に吐かないこと）の強い降雨になると、その一部が下水管の吐出口から河川に放流される仕組みになっている。この時の汚物や油糞が河道に取り残され、悪臭が生じ、水質などの環境悪化の原因の一つになっている。後者の分流式は雨水と汚水を区分して排水するため、環境の悪化には至っていない。

　ところで水害の内水氾濫であるが、図1-5に示すように、豪雨による河川の洪水によって、都市では30分程度の間に急速に河川水位が上昇する。したがって、吐出口から河川水が下水管路を逆流することがしばしば発生することになり、街路のマンホールの蓋が水圧により吹き上げられ、道路や住宅地まで内水氾濫に至ることが多い。管路が満管で流れるときは水鉄砲と同じ状態であり、流れの伝播速度は20m/sにもなる。東京練馬区において、下水管路の中で清掃作業をしていた人がゲリラ豪雨で流

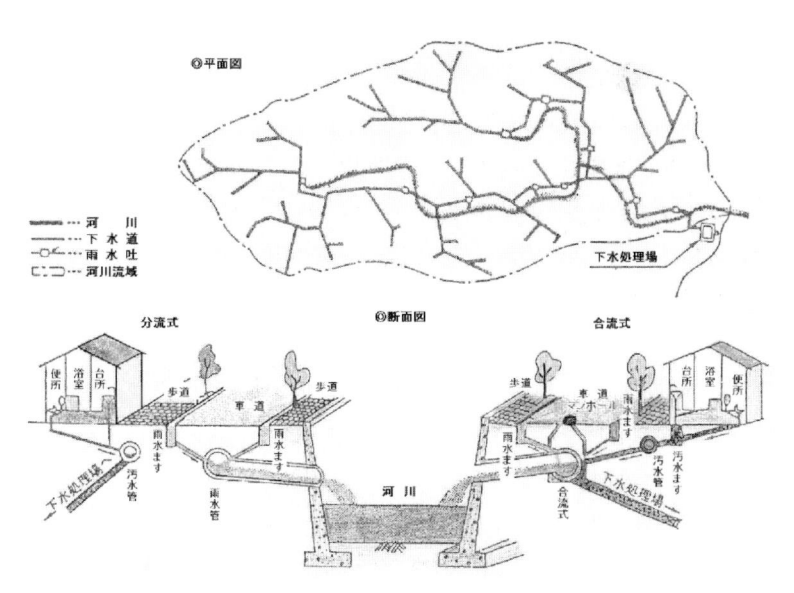

図1-5　分流式および合流式下水道（東京都）

写真1-4　2004年台風による地下鉄麻布十番駅の地下ホーム内水被害
（写真提供：東京地下鉄株式会社）

されてしまった水難事故は記憶に新しい（**写真1-4**）。

　東京都では、1999（平成11）年夏の集中豪雨により3,500棟を超える被害が発生した[1]。このため「できるところから、できるだけの対策を行い、浸水被害を軽減させる」とした「雨水整備クイックプラン（1999年〜2008年）」を計画し、幹線施設整備（降雨規模1時間降雨50mm）対策として、貯留管の整備を行う緊急的な対応をしてきた。このプランは2004（平成16）年からの後期を「新雨水整備クイックプラン（2004年〜2008年）」として、地下街対策を視野に入れて時間70mmの降雨対策に着手していた（**図1-6**）。しかし、2005年9月の集中豪雨は、練馬区下井草観測所で総雨量263mm、時間最大雨量112mmとなり、神田川、妙正寺川、善福寺川で氾濫し、浸水面積約70ha、浸水家屋数3,103棟（新宿区、中野区、杉並区）の被害を生じさせた。皮肉にも計画降雨を上回る集中豪雨との追いかけっことなり、ハード施設は後手に回る始末であった。

　さらに、2013（平成25）年7月、8月、10月には、時間50mmを上回る豪雨が新宿、目黒、練馬、文京、江戸川の各区で5回も発生し、なかでも7月23日の集中豪雨では、城南地区を中心に時間100mm前後の強い雨が1時間程度降り続き、400棟以上の浸水被害が発生した。このため東京

図1-6　新雨水整備クイックプラン（東京都）

都では合流式下水道の改善対策が喫緊の課題となり、2013年12月には「豪雨対策下水道緊急プラン」で三つの取り組み方針を示し、75mm対策4地区、50mm拡充対策6地区、小規模緊急対策6地区の合計16地区を東京オリンピックの2020年までに完成させるとしている。ようやく最大で時間75mmの降雨まで下水道施設で対応することにした。

合流式下水道は、一つの管路網で処理するので分流式に比べコスト面のメリットはある。しかしながら、河川改修が進まない限り、吐水口から河川に排水することはできない。そのため、3Q対策として計画最大汚水量の3倍までは雨水を川に吐かないことになっているが、観測値が示

されることはないので実態は不明である。線形の河道に比べて下水管路網は、雨水ますが面的に設置され降雨をオンサイトで受ける。このため雨水は地表面を流れ河川に到達する途中で雨水ますにキャッチされ、下水管路で集中した速い流れとなり、水処理センターに到達する。いわば下水道網は第2のトンネル河川となっている。河道ならそのまま海に到達するのに対して、第2の河川である下水道は処理場で数時間滞留し、処理に時間を要する。豪雨の場合はこの処理時間は確保できないため、無処理放流しなければ治水的機能は発揮されないことになる。いわばかけ流し状態となる。二つの機能をもつ合流式下水道は矛盾したシステムというほかはなかった。そのため近年、水環境の改善と治水対策のため、大規模な貯留管の設置が進んでいる。合流式下水道は、大阪市、名古屋市など全国191都市、ニューヨーク、ロンドンも合流式下水道であり、同様な課題を抱えて都市の排水を支えている。

◆ 地下河川の効果と課題

　1985（昭和60）年、東京都は、従来の河川整備における河道の拡幅を中心とした改修事業では、人口の増大と高度な土地利用が進み、激しい都市化に治水対策が追いつかないことや、加えて、地価の高い東京では用地確保の面で極めて困難であることから、中小河川流域の長期的な視点として、幹線街路の地下利用を検討する地下河川構想検討委員会を設置することになった（東京都建設局、1985)[2]）。

　同委員会は、①地下河川および関連する下水道施設による治水対策の基本的な考え方、②地下河川に関する基本計画、③地下河川に関する推進方策、④そのほか地下河川に関し必要な事項、を検討した。

　この構想は、23区内の主に西から東に流れる白子川、石神井川、妙正寺川、善福寺川、神田川などを対象に、環状八号線や七号線と河川が交差する地点で地下調節池を建設し、洪水をピークカットする手法である。長期的には、この調節池を連続して建設し、城南の羽田方面に流下させ東京湾に排水させるビジョンであった（**写真1-5**）。したがって、これら

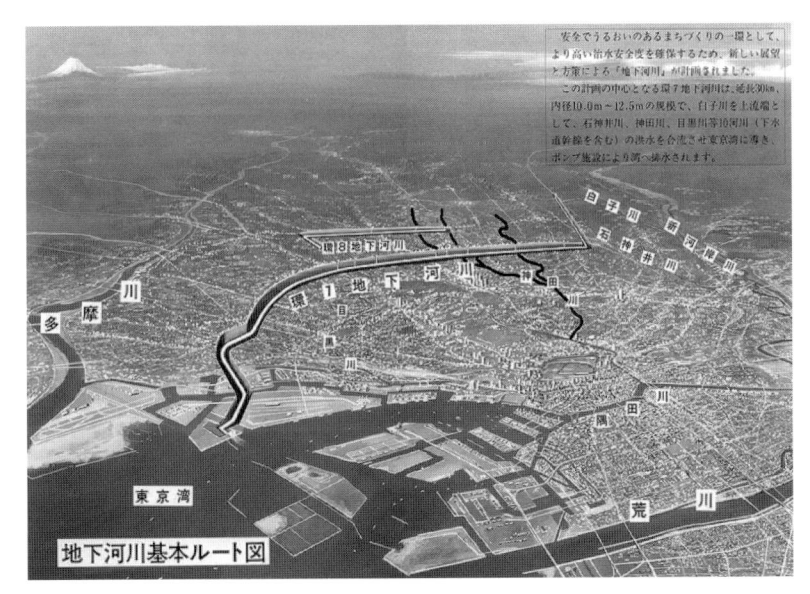

写真1-5 地下河川基本ルート（東京都）

の河川の都心から中下流部の治水安全度を向上させることに重点が置かれた。地下調節池は、地下河川方式による降雨規模1時間75mm計画の中心をなす施設で、山の手中小河川の中流部を南北に横断し、治水上極めて効果的な位置にある都道環状七号線の地下空間を利用した画期的な工法でもある。トンネルの規模が大きいことや、早期に事業効果を発揮させることができるため、第一期事業と第二期事業に分割し、建設を進めた[3]。

図1-7は環状七号線地下調節池の工事計画平面図である。第一期事業は、1988（昭和63）年に着手し、神田川の洪水を貯留するために、地下約50mに延長2.0km、内径12.5m、貯留量24万m^3の調節池を建設し、1997（平成9）年4月より取水を開始した。第二期事業は、善福寺川、妙正寺川の洪水を貯留するために、1995（平成7）年に着手し、延長2.5km、貯留量30万m^3の調節池を建設し、2005（平成17）年9月より取水を開始している（ただし、当初は18万m^3を貯留）。

東京都は、地下調整池の以前から神田川水系の水害に対する安全度を

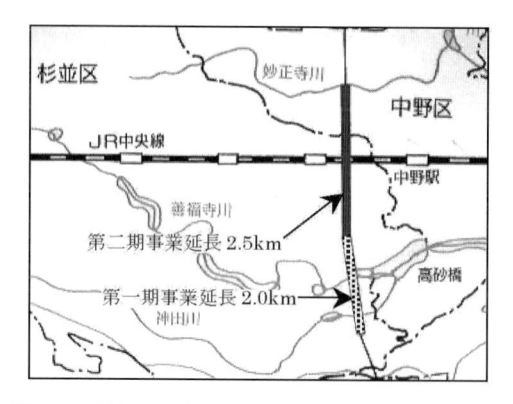

図1-7　環状七号線地下調節池設置平面図（東京都）

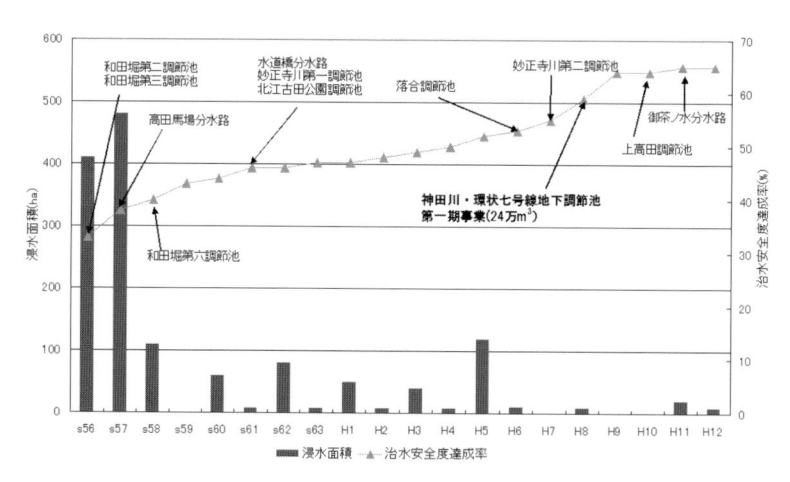

図1-8　過去20年間の浸水面積と治水安全度達成率の推移

早期に高めるため、護岸整備を進めるとともに、公園などを利用した調節池を整備してきた[4]。その結果、**図1-8**に示したように、浸水面積を減少させ、治水安全度が向上していることがわかる。特に、環状七号線地下調節池が1997（平成9）年に供用を開始して以来、治水安全度は大きく向上した。現に、1993（平成5）年8月の台風11号では総降雨量288mm、時間最大47mmの降雨に対し、中野区弥生町、本町周辺に浸水家屋3,117戸の被害をもたらした。しかし、同地点の2004（平成16）年10月の台風

22号では総降雨量284mm、時間最大57mmのほぼ同規模降雨に対し、浸水家屋7戸に減少させている。

このように環状七号線地下調節池は、浸水被害の軽減に大きく貢献し、その効果をもたらしたことは、このプロジェクトの水理実験に関わった一人として感慨深いものがある。しかしながら、翌年の2005（平成17）年9月4日、集中豪雨が今度は神田川、善福寺川、妙正寺川の各上流域を襲い、護岸の崩壊もあり、三つの河川で浸水棟数5,827棟、浸水面積171.6haの被害を出すに至った（**写真1-6**）。このときの降雨は杉並区下井草地点では、総雨量263mm、最大時間降雨量112mmであった。皮肉にも地下調節池より上流で浸水被害が多く発生したが、調節池の下流では発生しなかった。このとき、現場では第一期事業24万m^3の調節池が満水となったため、緊急措置として完成間近だった第二期工事区間にも約18万m^3の洪水を流入させている。合計42万m^3である。現場の的確な判断にもかかわらずこの集中豪雨は、これから始められる上流部の治水対策に先制パンチとなった。気象は気まぐれで、かつ降雨強度は増加の一途である。詳細については後述するが、このときの降雨パターンは「2時間から4時間の継続的な強雨」であった[5]。

このため、調節池がどのような降雨に対して効果を発揮できるのか、降雨特性と調節池が寄与できる治水安全度の関係を検討した。1978（昭

写真1-6　2005年9月の集中豪雨による妙正寺川の氾濫（東京都）

和53)年から2005(平成17)年までの28年間の雨量データを用いて、Gumbel法により降雨解析を行った[6]。

ここでは降雨強度に着目し、10分値、60分値、120分値、180分値、240分値および48時間値の確率年を算定した。表1-2に示したNo.1からNo.15の降雨イベントを三つの降雨パターンに分類し、その調節池の低減効果(洪水ピークカット流量)を検討した(石森・土屋、2007)[5]。ここで、低減率とは、実測のピーク流量ないし、再現したピーク流量から調節池でピークカットされた流量の差を割合で表したものである。

表1-2 解析に用いた降雨イベント

No.	解析期間	総降雨量(mm)	時間最大雨量(mm)	調節池貯留量(m³)	浸水被害件数(棟)
1	1981(S56) 10/22/7:10~10/23/23:00	182.4	32.4	未設置	4,939
2	1982(S57) 9/11/14:10~9/13/6:00	237.5	53.2	同上	6,193
3	1989(H1) 7/31/18:10~8/2/6:00	211.9	43.3	同上	2,648
4	1989(H1) 8/10/16:10~8/11/3:00	66.0	58.6	同上	442
5	1993(H5) 8/26/13:00~8/28/0:00	249.7	32.6	同上	4,706
6	1996(H8) 9/22/0:10~9/23/15:00	220.2	28.5	同上	33
7	1997(H9) 8/23/16:10~8/24/11:00	76.0	35.6	37,000	1
8	1997(H9) 9/3/20:10~9/4/13:00	37.5	33.2	20,000	0
9	1998(H10) 9/15/20:10~9/16/0:00	158.3	29.6	147,200	13
10	1999(H11) 8/13/15:00~8/15/21:00	149.5	32.6	52,000	9
11	2000(H12) 7/7/16:00~7/9/0:00	189.6	25.8	214,000	2
12	2001(H13) 9/9/13:10~9/11/22:00	173.9	24.7	59,000	1
13	2003(H15) 10/13/12:10~18:00	50.8	44.4	148,000	67
14	2004(H16) 10/8/10:00~10/10/2:00	240.5	39.9	215,270	7
15	2005(H17) 9/4/18:00~9/5/3:00	181.3	73.6	420,000	1,932

図1-9は、横軸に降雨継続時間とその確率年を縦軸にプロットし、降雨強度の時間的分布特性を示したものである。降雨パターンに対応した調節池の低減効果を考慮して分類している。その結果は、①1時間以内の強雨、②2時間から4時間の継続的な強雨、③長時間の持続的な弱雨と分類することができる。ただし、24万m³貯留可能の時点では、①と③は30

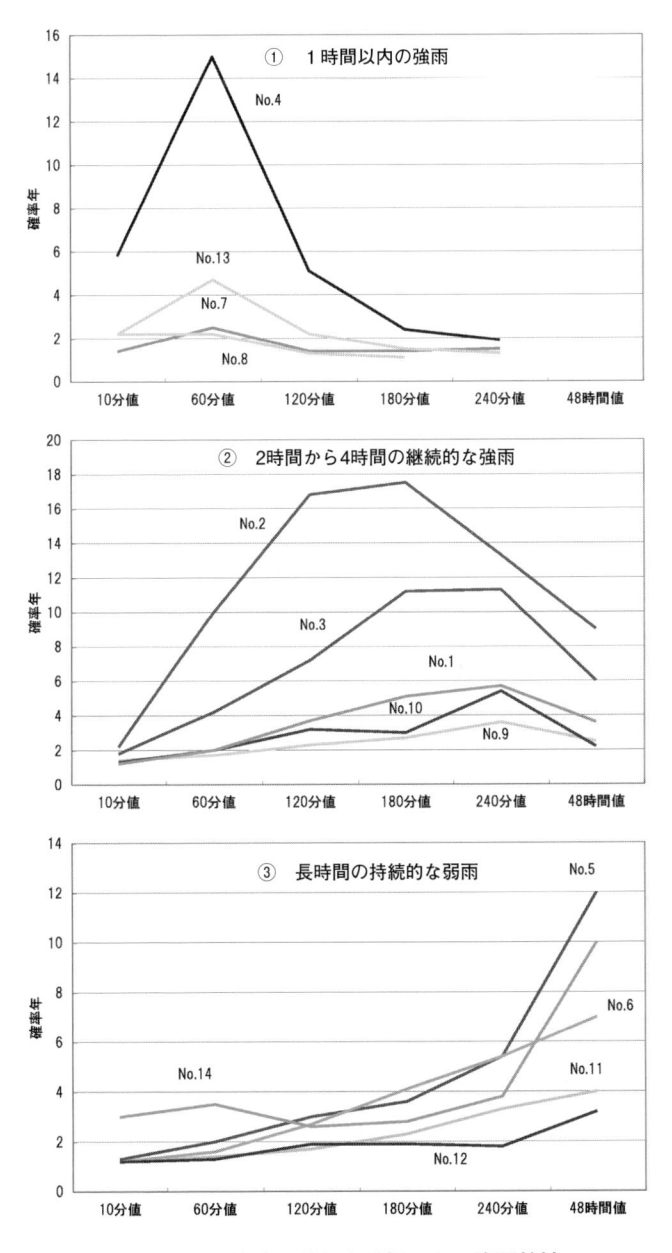

図1-9　調節池が効果を発揮できる降雨特性

〜40％の高い低減効果（率）を示したが、②は10〜30％の低い低減率であった。したがって、2時間から4時間の継続的な強雨が持続する場合は洪水流出を低減する効果は低いことがわかった。ただし、No.1からNo.6の1996（平成8）年の降雨イベントまでは環七調節池は完成していない。したがって、洪水流量の実測値をもとにシミュレーションにより洪水ピークカット流量を算定したものである。

図1-10は、③のNo.5「長時間の持続的な弱雨が続く場合」、24万㎥貯留され、計画高水流量以下に低減している。図1-11は、②のNo.2「2時間から4時間の継続的な強雨が発生する場合」、24万㎥より少し不足し、42万㎥貯留され、計画流量以下に低減している。図1-12は、①のNo.4「1時間以内の強雨が発生する場合」、24万㎥では十分ではなく、42万㎥貯留され、計画流量以下に低減している。以上のように、降雨のパターンにより、環七地下調節池の効果が異なることが推定される。現在は、第一期、第二期工事が完成し、54万㎥貯留されるようになり、より治水安全度は高まったといえる。しかし、これは複数の箇所から洪水を流入させることができる。そのため、降雨のパターンによってはピークカットを的確に行うことが困難な場合も考えられる。今後、降雨予測がますます重要になり、施設管理の技術者の経験と気象を読む力が問われることになる。

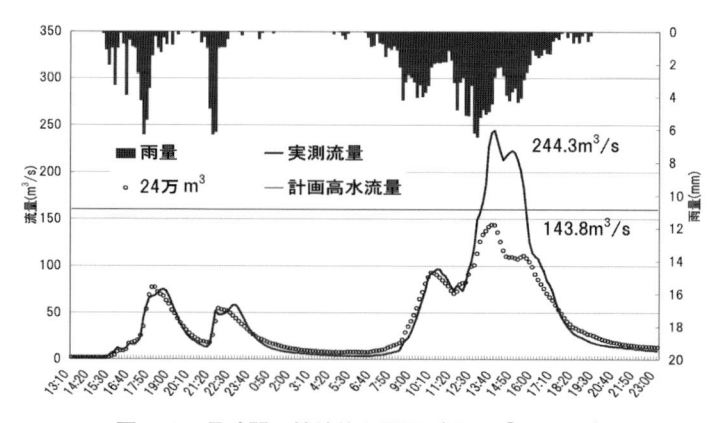

図1-10　長時間の持続的な弱雨（図1-9③のNo.5）

この研究では、当時大学院生であった石森久仁子さんが2004（平成16）年、郷里の円山川の河川氾濫で被災し、治水研究への強い思いから出発している。彼女は修士論文および水工学論文[7]としても円山川水系出石川の氾濫解析を完成させている。

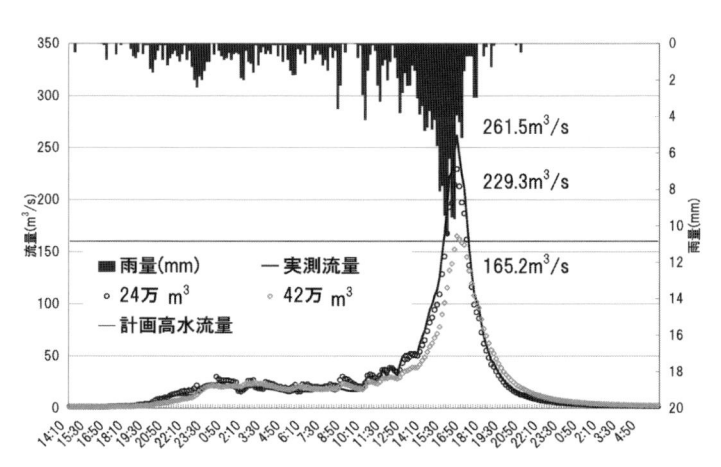

図1-11　2時間から4時間の継続的な強雨（図1-9②のNo.2）

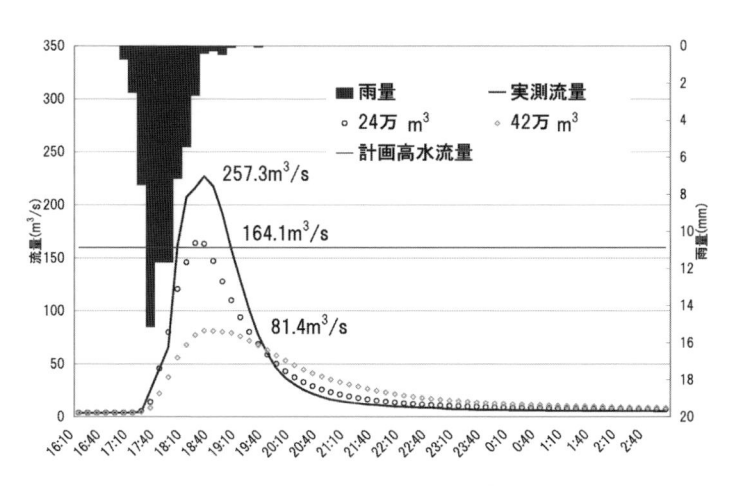

図1-12　1時間以内の強雨（図1-9①のNo.4）

◆ 河道の治水施設と河川伝統工法

　一般的に、河川は上流の山地・渓谷から速い流れで始まり、扇状地を流れ、やがて自然堤防や後背湿地の勾配の小さい平野部を蛇行し、ゆっくりと流れ、最後はデルタ地形や河口へと流れ、海に至る。したがって、河川は上流から下流に水の流れが連続的に繋がっていることが最大の特徴である。河川の治水対策では、流域における河道の安定した流れが求められる。この流程で、安全に流れるために堤防、護岸、ダム等を設置し、洪水の氾濫を防止するために流れを制御する。同時に、流水は農業、工業、都市用水に利用するために多目的ダム、取水堰などを河川に横断して設置してきた。

　一方、河川は洪水のみならず、平常時も流域から土砂や栄養塩の流出が絶え間なく連続して流れる。河道は流域の水循環のプロセスの一つである。また、河川は流水により物理的にも縦断方向のセグメントごとに河床勾配は変化し、河床砂礫の状態は大きな礫から砂利、細砂、シルトなど下流、河口に向けて変化する。これらの物理的・化学的環境は生物群集の動態にも大きな影響を与える。

　さて、これらの治水施設はその目的のために、コンクリート構造物が多く使われ、単純な河川断面になり、早く洪水を下流に流すことに主眼が置かれていた。その典型例が、蛇行河川をショートカットし、新しく捷水路を設置してきた。また、近代的な治水工法は堤防の破堤、のり面の洗掘を防止するため護岸構造、根固め工は鉄筋や、コンクリートブロックによる流体力に強い構造物の設計のため仕様がマニュアル化された。しかし、川の流水の状態が単純化し、自然の流れの早瀬、平瀬、渕といわれる変化に富んだ川の姿が消えていった。したがって、河川の生態系にとって魚類、水辺植生などの棲息環境の悪化を招いてきた。かつては、漁業協同組合とは対立したり、河川管理の矛盾が頻発していた。1990 (平成2) 年の「多自然型川づくり」の通達が建設省から出されたが、「自然に配慮した川づくり」は何をするのか現場の河川担当者はイメージがつかめなかったと思う。

これより5年ほど前、もともと愛媛県五十崎町を流れる小田川の改修事業で自然の中州や護岸を残すため、地元市民が中心となり、スイス、旧西ドイツに始まった近自然工法をヨーロッパに視察に行き、これに感銘して始まった河川工法である。詳細は省くが、市民の「漬物石一個提供運動」がきっかけとなり、県や建設省の技術者を動かし、近自然工法が徐々に認知されてきた。この工法に限りなく近い手法が多自然（型）川づくりである。

　1997（平成9）年以降、河川法の改正もあり、生きもの棲息に配慮した河川環境の向上が求められ、今日、「多自然川づくり」が主流となっていった。その一つに日本古来からの河川伝統工法を採用することが多くなった。これは、戦後の日本が経済成長する以前は、コンクリートなどの材料は乏しく、自然の素材である石・礫、木杭、竹、蔓などが多用されていた。これらは、もともと中世・江戸時代からの河川伝統工法として使われてきた技術に近似した工法でもある[8]。この工法は、機械化による近代的な工法に変わってから30年近い空白の期間が長く続き、技術者不足や材料の入手も困難であった。河川伝統工法に関しては同研究会が詳細にまとめている（河川伝統工法、1995）[9]。多自然型工法もしばらく施工されたが、次第に、西欧の工法を模倣するのではなく、自然環境や、特に気象が異なるアジアモンスーン地域の日本の風土に合った手法

写真1-5　東京都平井川に設置した4基の牛枠工
（平成2年、設置直後の下流を望む）

が選ばれる必要があるという空気から、次第に地域にふさわしい方法が定着してきたといえる。

河川伝統工法の一つに牛枠工という水制工がある。1990（平成2）年に東京都が設置した現場（**写真1-5**）を検証する目的で、水理実験により技術的な検討を学生たちと行った。当時の卒論生小関弘成・根岸宏典君、大学院生の諸田恵二君らの3年間にわたる研究であった。

◆ 牛枠工の効果を確かめる

（1） 河川の合流・湾曲部における水制工の効果とその影響

従来、水制工は水の流速を低減させ、水刎ねによって流向を変える効果があり、河岸侵食の防止を目的に、また、河床を安定させる効果をもたらすことがわかっている。同時に舟運のための航路確保を目的に河川に設置された[10]。その利用目的は主に治水的な要素が強いといえる。また水制工は日本の河川改修に古くから用いられたことから、その工種は多岐にわたり、構造も経験的なものを出発にしているものが多く見られる。これらは水制内部に流水が通過できる構造のものを「透過型」、通過できないものを「不透過型」に分類できる。

近年、河川整備には多自然（型）川づくりが実施されるようになり、自然素材を用いた水制工を含む伝統的河川工法も用いられている。木や竹、石を材料とした水制工は流水を滞留させることで土砂が堆積し、その結果、自然との調和も良いことから植生が繁茂し、生態系保全の働きを促すことができる。したがって、これらは景観や生態系の改善を目的として経験的に設置されていることが多く、その一方で治水的効果は未知である。なかでも牛枠工（聖牛）を河川整備に用いた事例は多く、その当時、山梨県笛吹川、東京都多摩川、静岡県大井川などの河川整備に用いられていた。水制工の中でも横出し水制の研究は多くなされており、周辺部の流水挙動[11]や河床変動[12]、流体力[13]などが実験的研究により明らかになっている。しかし戦国時代に甲州で武田信玄により考案されたといわれる牛枠工（聖牛）は、ほとんど水理的な研究がなされていなか

った。

　平井川と支川の北大久野川の合流部では、洪水時に左岸の湾曲部で護岸を溢水し、護岸の損壊が見られた。このような被害の軽減を図り、流況を安定させる必要があった。そこでこの研究では初年度は基礎的な研究として、固定床実験水路の合流部および湾曲部に牛枠工を含めた水制工を設置し比較実験を行った。水刎ね効果や流速低減効果を検証するために、これらの構造物の周辺部および河道の任意の区間における流水挙動を解析した。また、牛枠工がもたらす効果だけでなく、流水に対する抵抗特性も考慮し、河道に対して阻害要因として働く側面も検討した。したがって、この研究の目的としては比較実験をもとに局所的な流水挙動の解明だけでなく、一定の河道区間の流れの変化を調べ、牛枠工をはじめとする水制工の持つ治水的な効果および流れの阻害要因としての影響を明らかにすることにした。

(a)　実験施設

　実験には長さ16mの模型水路を用いている。この実験水路は東京都あきる野市の平井川の合流・湾曲部の長さ320m区間をモデルとしており、縮尺は1/20で製作している（**図1-13**）。川幅は、本川が1.2m、合流部1.7m、湾曲部以降は1.4m、また、支川0.65mとしている。なお、水路床勾配は1/300、床面の粗度係数は0.025としている。また、流速、流量、粗度係数などの水理諸量はフルードの相似則を適用して次元解析を行って進めた。

(b)　実験条件と水制工の模型

　実験条件は**表1-3**に示したとおりである。対象とした現地の平井川には合流部に牛枠工が4基設置してある（**写真1-5参照**）。この現地での設置位置をもとに実験水路合流部にも再現している（**図1-13**（a）**参照**）。合流部に設置されたこの牛枠工は洪水時の流れが左岸に偏流し、護岸への直撃にならないように、スムーズに合流させる働きを期待して設置されている。そこで合流部での牛枠工の妥当性を確かめるために導流堤模型を合流部に設置して比較検討している（**図1-13**（b）**参照**）。

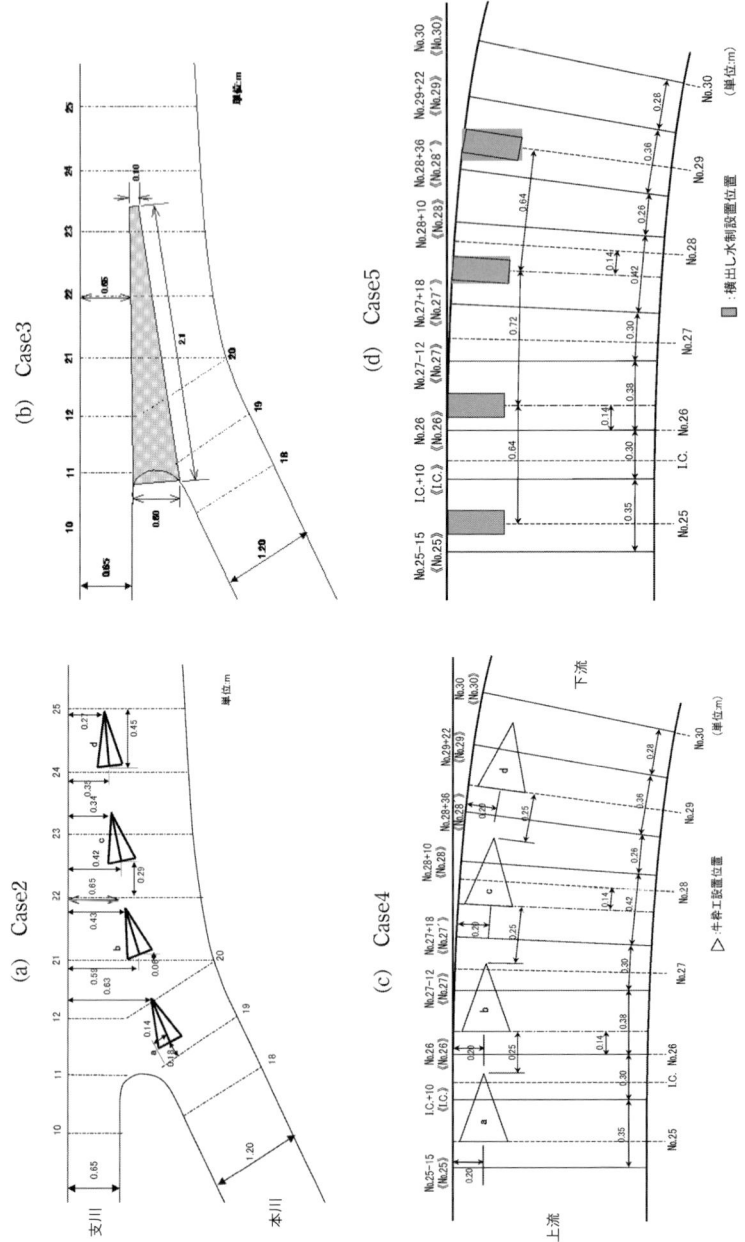

図1-13 平井川合流・湾曲部の水理構造物部分模型平面図

表1-3　実験条件

Case1	水制工なし	
Case2	合流部	牛枠工
Case3	合流部	導流堤
Case4	湾曲部	牛枠工
Case5	湾曲部	横出し水制

　次に、合流後の湾曲部に同じく4基の牛枠工を凹岸部に設置して実験を行った（図1-13（c）参照）。さらにこの比較実験として同じ位置に4基の横出し水制を設置して実験を行った（図1-13（d）参照）。

　水制構造物模型（牛枠工、横出し水制工、導流堤）の寸法は図1-14に示している。牛枠工模型は直径10mmの細丸棒を材料とし、図1-14（a）に示すような形に組み合わせた。寸法は、高さ255mm、全長415mm、幅285mmとした。さらに固定するためおもりとしてネットに小石を入れた蛇籠の模型を用いた。横出し水制模型（図1-14（b）参照）の材料は木製の角材を用いている。寸法は既往研究の文献[13]を参考にしつつ、水制工の影響が顕著に見られるよう考慮して、水制長244mm、水制高75mm、

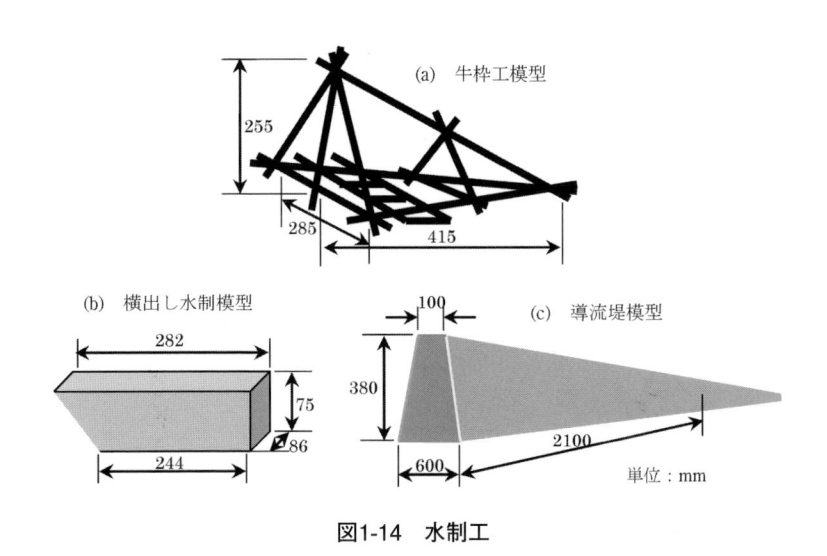

図1-14　水制工

水制幅86mmとした。また、導流堤模型については合流部で本川、支川の流水断面を狭め、それぞれの流れを阻害しないように図1-14（c）のとおり天端に勾配を与え、先端部は河床と接する形としている。また、長さは流速分布の状況を参考に2,100mmとしている。

(c) 流量条件

流量条件については、モデルとした平井川の中規模洪水流量である240 m^3/sと小規模洪水流量の112m^3/sの2パターンの模型流量において各実験ケースで実験を行った。

(d) 測定方法

流速測定は、二次元の電磁流速計（東京計測社製）を用いて、主流速と横断流速を測定している。また、一つの断面において断面流速分布を描けるように、深さ方向に4点、横断方向には135mmの間隔で12点～44点測定した。

(2) 牛枠工群の乱流効果

牛枠工をはじめとした透過水制に関する研究事例は少なく、その水理学的特性は不明な点が多い。しかし、実験の結果、牛枠工は流れを制御する機能を持っており、湾曲部において河岸洗掘の防止、さらに合流部においては背割堤と同等の効果をもたらすことを明らかにした研究もある[14]。この研究では、河道内における牛枠工の抵抗特性を検討するために抗力係数、合成粗度の検討を行っている。ここで、牛枠工に関する計算手法として、構造の近似した樹林帯や橋脚を模擬した円柱群の水理実験で用いられた手法[15]～[17]を適用することを試みた。また自由乱流として物体背後の後流（wake）の考え方[18]を用いて、牛枠工直下流の欠損流速の計算値と実測値の比較を行った。さらに流速低減効果の原因となる乱流に関する解析を行い、後流との関係を検討した[19]。

実験水路では、平面二次元で乱れ測定を行ったが、流下方向の流速成分をu、横断方向の流速成分をv（右岸へ向かう流れを正）とした。図1-15は、牛枠工を設置しない場合と設置した場合の牛枠工周辺の乱れ強度（流下方向成分）を6割水深において平面分布を示したものである。た

だし、特に乱れが大きいと思われる下流の2基の牛枠工であるc，dに着目した。**図1-15**が示すように牛枠工がない状態に比べ牛枠工を設置した場合、その周辺部で乱れ強度が増加したことがわかる。特に、**図1-15**（b）から牛枠工の右側下流に大きな乱れ強度が発生していることがわかる。さらにそれぞれの牛枠工のすぐ下流近傍で最大値を示している。これは本川からの流水が牛枠工群に衝突し刎ねられた流れと後流との間に発生した乱流域が局所的に形成されたものと推測できる。また、牛枠工より左の護岸に近い流れ場では、逆に（b）Case2の方が（a）Case1より低い乱れ強度を示していることがわかる。したがって、支流からの流れは円

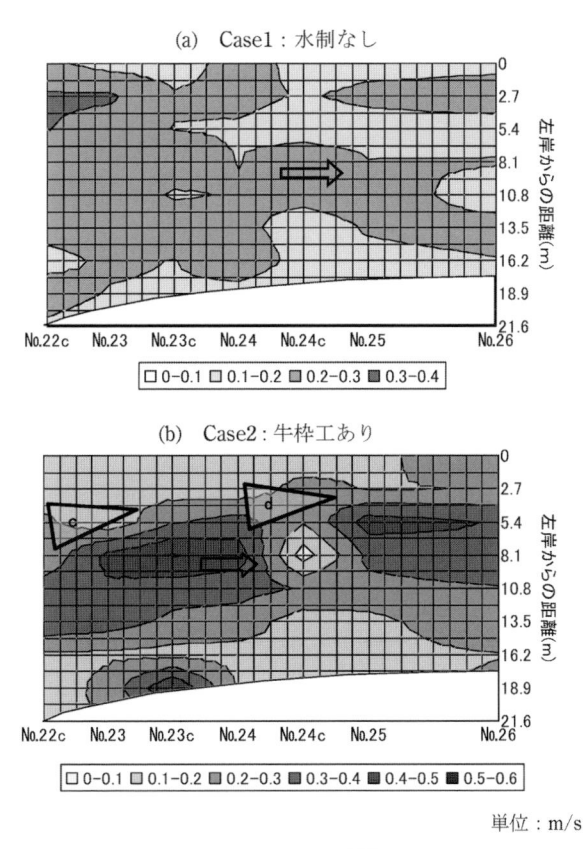

図1-15　牛枠工の乱れ強度 $\sqrt{\overline{u'^2}}$ 分布（6割水深）

滑に流下していると考えられる。

　図1-16は、レイノルズ応力の平面分布である。測定したポイントは6割水深である。この図から牛枠工の右先端部で負のレイノルズ応力が大きくなっている。このときレイノルズ応力の乱れ成分は$u'>0$，$v'>0$および$u'<0$，$v'<0$が考えられる。

　図1-17は、測点No.24上の負の極大値を示した点の乱れ成分の分布を示したものである。各象限に記載した数字はその象限にプロットされた点の数である。この図が示すとおり、第1象限と第3象限に数多くプロッ

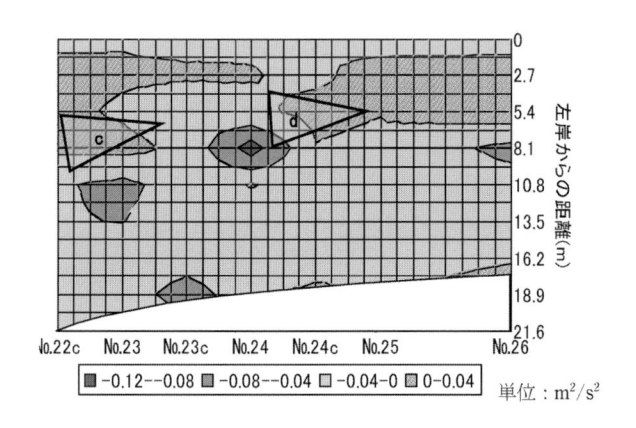

図1-16　牛枠工のレイノルズ応力分布（6割水深、牛枠工設置）

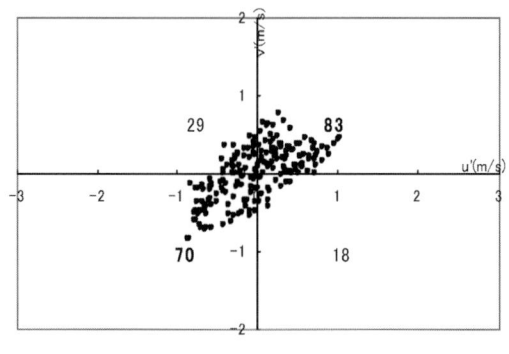

図1-17　乱れ成分の分布

トされたことがわかった。したがって、図1-15の牛枠工dの右先端部付近において発生したレイノルズ応力は、主として$u'>0$, $v'>0$と$u'<0$, $v'<0$となる乱れ成分により構成されていることが確認できた。すなわち、高速で右岸に向かう流れと低速で左岸に向かう流れが発生していると考えられる。ゆえに牛枠工の先端部という位置から考えると、牛枠工に刎ねられた流れと牛枠工背後の流速が低下している領域に入り込もうとする流れ構造を示しているものと推測できる。

(3) 牛枠工の実験結果のまとめ[14),19)]
(a) 河川の合流・湾曲部における水制工の効果とその影響
① 合流部に設置された牛枠工は流れを二つに区分し、水理構造物を設置しない場合と比べ、合流点を下流に移動させるという導流堤と同様の効果をもたらす働きがある。

② 湾曲部において牛枠工は横出し水制と比較したが、ほぼ同じ流水挙動を示し、水刎ね効果があることがわかった。この効果で水制工を設置しない条件の実験で見られた湾曲部の遠心流による偏流が解消された。その結果、湾局部で問題となる河岸洗掘の危険性が低くなったと推察できる（図1-18）。

③ 牛枠工は河道に設置することでその上流に対して水位上昇をもたらす。これは、牛枠工は流れの阻害要因となるためである。牛枠工の抗力係数C_Dは、小規模洪水流量として流した場合、1に近い値を示した。しかし、中規模洪水流量を流した場合、流水体積に対する牛枠工の密度が相対的に低下するため、抗力係数C_Dは、1を下回る結果となった。また、合成粗度係数を求めたが、その値は河床面の粗度係数を約10～25％上昇させていた。

④ 牛枠工を設置することで河道に及ぼす効果は非常に大きいことが把握できた。しかし、牛枠工は流水に対する抵抗として働いてしまう面も持ち合わせている。横出し水制に関しても同様に二面性があるといえる。今後の課題としては、寸法、形状、配置などを十分検討し、この流れに対する抵抗を最小限に抑え、適確な配置方法を検

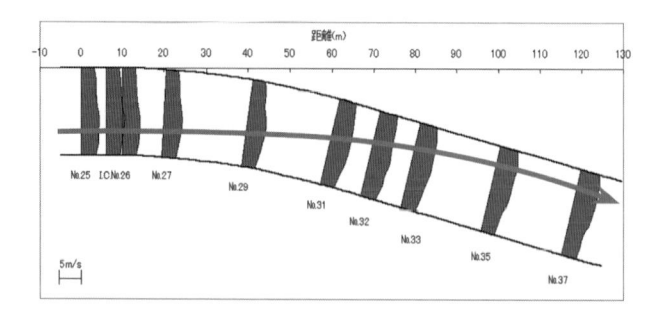

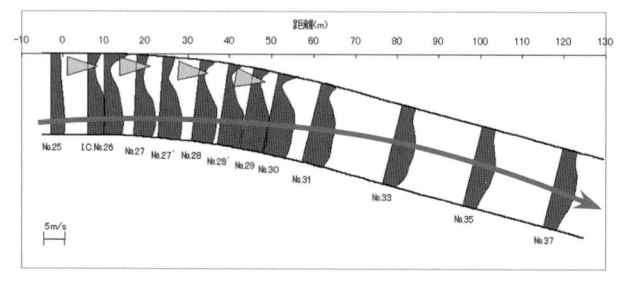

図1-18 湾曲部の遠心流による偏流（上）と牛枠工設置により左岸の洗掘の危険が解消した流れ（下）。薄い矢印のラインは最大流速。左岸下流護岸の洗掘防止

討する必要がある。
(b) 牛枠工群の乱流効果
① 流水が牛枠工に刎ねられることにより乱れが発生している。その乱れ成分を解析してみると、牛枠工に刎ねられ対岸に向かう流れと牛枠工背後の流速が低減している流れ場に入り込む流れが確認できる。抗力係数を求める計算手法を参考にした。その結果 C_D は1前後の値を得ることができ、円柱とほぼ同等の抗力係数を有することがわかった。
② 牛枠工を粗度として捉え、河床面の粗度と合わせた合成粗度は河床面粗度の1.5倍から1.75倍となった。この合成粗度を用いて不等流計算を行った結果、上流域における水位上昇や下流における水位は実測値とよく合致した。したがって、合成粗度係数は抵抗特性評価手法として有効である。

③ 牛枠工背後の流れに生じる欠損流速を、自由乱流である後流の考え方を用いて計算値と比較検討した。その結果、直下流での欠損流速については実測値に近い値となった。また、流下方向における欠損流速の減衰についても計算値は実測値とよく合致している。

河川伝統工法は種類も多く、それぞれの箇所で設置用途に合った方法が行われている。しかし、河積に影響することが大きい場合は、河幅、設置する前後の区間距離、河川の平面形をよく検討していくことが大切と考えられる。

付記：この研究は、当時の研究室の卒論生諸氏にご協力いただきました。また、実験施設の使用では国土交通省国土技術政策総合研究所河川研究室（当時、末次忠司室長、坂野章主任研究員、福島雅紀研究員）にご協力いただきましたことに謝意を表する次第である。

◆ 利根川の治水安全度

(1) ダムのなかった時代のカスリーン台風

日本の河川の治水安全度は、「中小河川の水害」の図1-2に示したように目標に対して治水安全度、計画に対する達成率とも非常に小さい。2006（平成18）年現在、当面の目標でも大河川が1/30の確率に対して達成率60％、中小河川は1/5～1/10の確率で達成率60％である。このような現状の中、2004（平成16）年の日本列島に10個の台風が上陸し、各地で激甚災害が頻発した。これを機に、日本の最大の流域面積を持つ利根川の上流部における治水安全度について検討してみることとした。当時、大学院修士課程の中村要介君、この研究を継続した後の院生の栗原大輔君が治水計画に興味を強くもっていたことから始めることにもなった[20]。

さて、1965（昭和40）年に策定された利根川の治水計画は、1947（昭和22）年9月のカスリーン台風による洪水を契機に、戦後の1949（昭和24）年に策定した「利根川改修改訂計画（基本高水17,000㎥/s）」の大綱を引継ぐ「利根川水系工事実施基本計画」である。これは1964（昭和39）年の新河川法によるもので、ダム調節による本格的な治水計画であ

った。さらに、1980（昭和55）年には、カスリーン台風など主要な洪水を対象とし、過去の降雨特性および流出特性を検討して、八斗島基準点における基本高水流量を22,000㎥/s、河道の計画高水流量16,000㎥/s、ダム調節6,000㎥/s、とする計画で全面改訂している（国土交通省、2003）[21]。この計画は、従来の既往最大洪水の考え方から水文学の統計確率の概念を計画に反映し、基本高水の決定根拠を「既往最大洪水又は1/200の確率洪水」としている。

その後、治水、利水、河川環境の総合的な整備を目指した1997（平成9）年の河川法改正により、基本高水の変更はないが、河道への配分容量を16,500㎥/s、上流ダム群による調節容量を5,500㎥/sに治水計画の見直しを行っている。河道の配分容量（500㎥/s）が増加したのは、下流の江戸川への分水量を増加させたことによるものである。全国で洪水は頻発するが、公共事業の縮小と各地でダムによらない治水対策が課題となっていた。これらの問題に対して技術的にも検証することの必要性が求められていた。利根川上流域に八ッ場ダムが計画されていたが、まだクローズアップされていなかった。

カスリーン台風は、戦後の荒廃した国土に追い打ちをかける未曾有な大水害となった。利根川水系を含む関東では、死者1,100人、負傷者2,420人、床下・床上浸水家屋303,160戸、田畑の浸水176,789ha、氾濫面積約440k㎡、被害額約70億円に達している。洪水は埼玉県東村で堤防を決壊させ、東京まで濁流が氾濫した（利根川百年史、1987）[22]。カスリーン台風の襲来した1947年は、八斗島基準点より上流にはダムは存在していない。治水ダムとしては1958（昭和33）年5月に藤原ダムが初めて竣工している。現在は八木沢ダムをはじめ六つのダムが設置され、治水・利水・環境に関わる機能を果たしている。昭和40年代前後から利根川の治水計画は当時の技術のもとに集中型モデルの貯留関数法（木村、1961）[23]が使われてきた。このような経過のなか、戦後からのダム建設が進むにつれて、どのように治水安全度が年々向上してきたのか、同モデルを使い検証してきた（中村・土屋、2005）[24]。

ここでは、利根川工事実施基本計画から45年が過ぎた時点で、降雨お

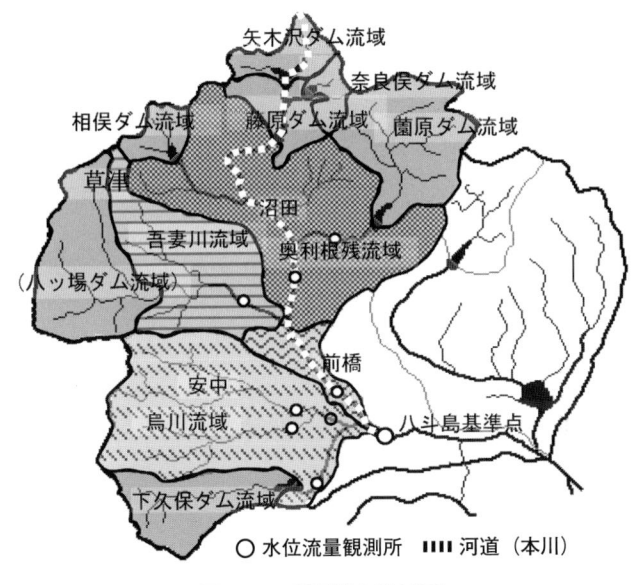

図1-19 利根川上流域図

よび洪水データの蓄積や流出モデルの開発が進み、実際の洪水流出現象からより正確な検証が求められることから、降雨の空間分布の違いがもたらす流出量、河道貯留効果による低減効果について洪水流出解析により検討し、計画高水流量の検証と考察を加えた。

　この検証の対象流域は、標高1,834mの大水上山を水源とする利根川の八斗島基準点より上流域である。総延長140.5km、流域面積5,150km²、平均勾配1/78である。現在、建設されて稼働しているダムは6基であり、ダム湖の流域面積はこの対象流域面積に対し26％である。下久保ダム1基を除く5基のダム群は赤城連峰、榛名山、子持山など標高1,200〜1,800mの山々に囲まれた奥利根地域に存在している。利根川上流域の主要な支川流域とダム湖流域および残流域を図1-19に示した。

(2) 基本高水の流量決定と安藝の指摘

　前述のように、1980（昭和55）年に八斗島基準点における基本高水については、流量22,000㎥/s、計画高水流量16,000㎥/s、ダム調節6,000

m³/sとする計画で全面改訂された。しかし、1947（昭和22）年9月のカスリーン台風の洪水時、八斗島地点では実測流量は観測されていなかったため推定値とされている。その推定値の根拠は、利根川本川と烏川合流点より本川上流5.7kmの上福島観測所、8.2km上流の烏川の岩鼻観測所、および15.4km上流の神流川の若泉観測所のハイドログラフから、3河川の流量の算術的重ね合わせを行い、合流量の最大値が16,850k㎥/sであるため八斗島地点のピーク流量を17,000㎥/sとしている（建設省関東地方建設局、1987）[22]。この数値は、1949（昭和24）年の利根川改修改訂計画および1965（昭和40）年までの利根川水系工事実施基本計画の基本高水とされてきた（**図1-20**）。

これらの水理・水文学的な河川計画は、戦後の荒廃した国土環境にあったという社会的背景や、観測データ不足、技術的には、1961（昭和36）年に貯留関数法が提案された時代であり、検証も十分されるまでには至らず、未だ経験的な技術水準のもとにあったといえる。しかしながら、1950（昭和25）年、安藝皎一は河川合流について重要な水理的問題を指摘していた。河川合流点では洪水量は調整されて10〜20%少なくなることを指摘している（群馬県、1950）[25]。この指摘は今日の流出計算のモデ

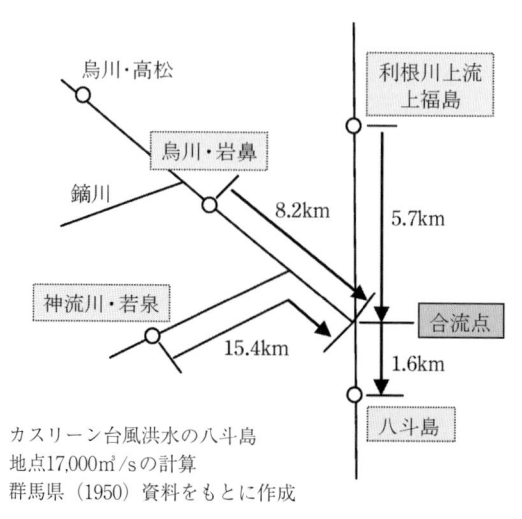

図1-20　1949（昭和24）年の八斗島基準点における基本高水の設定

ルによる検証の違いに大きく影響を与えることになるからである。

(3) 河道貯留効果と既往研究

その後、河川合流部の水理的研究は重要な研究課題とされていたが、京都大学防災研究所の高橋保が、河川合流部の洪水流の特性に関する研究において、理論解析と水理実験を行っている。この研究では、独立支川と従属支川を区分して取り扱い、勾配の緩い大規模支川が流入する場合には支川流量が小さい場合でも合流点における貯留効果は大きく、支川流量が大きい場合には局所水理が本川洪水に重大な影響を及ぼすと指摘している。さらに、従属支川は固有流量が非常に少ない場合、本川洪水からの逆流の貯留域となり、固有流量の多い場合でも堰上げによって固有流量が貯留され、合流点での洪水流の変形が大きいことを証明している（高橋保、1972）[26]。

また、近著（高橋保、2010）[27]では、河川流域では、規模の大小を問わなければ無数の合流があり、これらをすべて水理学的な方法によって解析することは実用上不可能であるとも述べている。そして、どのような条件があれば強制的な流量の足し合わせが可能なのか、強制的な流量の足し合わせができない場合に、合流点で洪水流がどのような挙動をするのかということに理解をすることが大切であるとしている。また高橋は、水文学的な流出解析をする場合の留意点を解説し、拮抗する規模の河川が合流する場合は河道貯留が重要な役割を演じることになるとも述べている。

1980～1990年代に入り、河川合流部の水理的研究は、計算機の発達により、三次元乱流モデルによる河川合流部の流れ予測（玉井・上田、1987）[28]、水理実験による河川合流部の大規模渦構造と河床形状（大本・平野ら、1992）[29]、および河川合流部の洪水流と河床変動の非定常三次元解析の研究（福岡・五十嵐ら、1995）[30]が盛んに行われるようになった。

高橋の研究は一次元的な検討ではあるが、実用的視点から理論解析と水理実験により、合流によるエネルギー損失などの局所的水理現象を考慮し、合流点における貯留効果は大きいことを明らかにした。これらの

既往研究の成果を参考に、洪水流出の実現象を洪水流出解析により、合流点における貯留効果を下記に述べる手法で検証することとした。

（4） 合流点における貯留効果

この検証では、河道区間において洪水追跡モデルを導入しない場合と、これを導入した場合に分けて二つのモデルによる検討を行った。すなわち、前者を従来の貯留関数法による河道の貯留効果を考慮しない集中型のモデルとし、後者は山地の斜面の流れがKinematic wave法により、河道の流れが一次元不定流モデルを使用して、観測地点での洪水ピーク流量の誤差について検証する。検証地点は、対象流域である利根川の治水計画の基準点である八斗島地点と支川の烏川基準点である岩鼻地点との二つの地点で検証した。なお、貯留関数法による計算では、過去の主要洪水イベントの流出計算は、六つのダムの流入・流出はダム操作規則に従っているものとして貯留関数法のパラメーターは同定している（中村・土屋、2005）[24]。Kinematic wave法によるパラメーターの同定は、烏川流域の岩鼻地点において、1998年、1999年、2001年、2007年の洪水イベントで検証している。八斗島地点の検証方法は、1947（昭和22）年のカスリーン台風洪水の八斗島地点17,000m^3/sの計算と同様に、支川からの横流入量に実測値を使い、算術的に重ね合わせたもの（以下、重ね合わせ法）と本川および支川の主要河道は、河道の流下時間を考慮して計算した一次元不定流モデル（以下、河道計算法）とし、検証地点の実測値を比較した。

利根川の八斗島地点の場合、検証降雨イベントはモデルパラメーターの同定時に対象降雨とした三つの降雨イベント（1998年、1999年、2001年）の実測値を使用している。事例結果を図1-21と図1-22に示した。すべての降雨イベントに対して、河道計算法では重ね合わせ法に比べてピーク流量が小さいことがわかる。しかし、その減少割合は、岩鼻地点の場合と同様に、各降雨イベントで2.4〜13.5％と幅広い結果となった。表1-4に示したように、検証地点の実測値と重ね合わせ法のピーク流量を比較すると、河道計算法のそれよりも誤差は大きく、1998年、1999年降雨

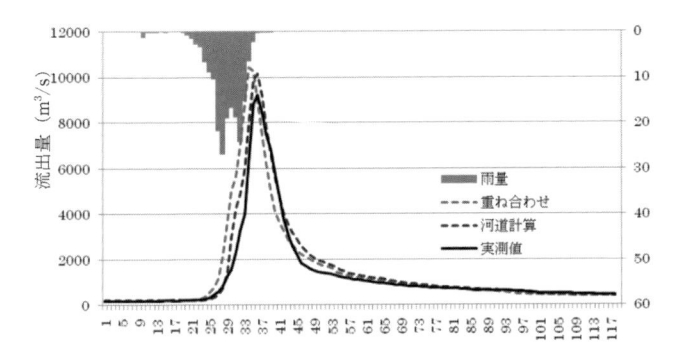

図1-21　八斗島地点の検証結果（1998年降雨）

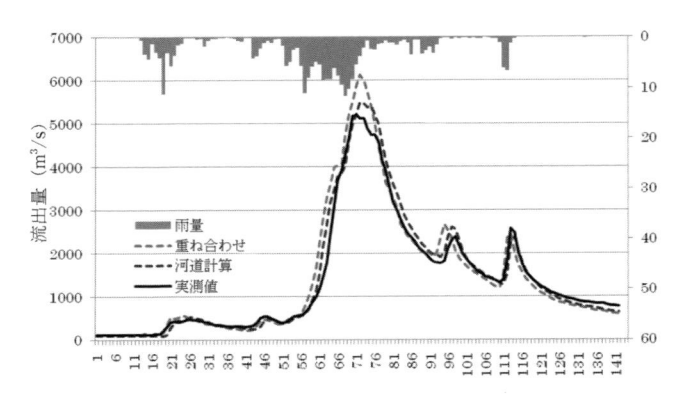

図1-22　八斗島地点の検証結果（1999年降雨）

イベントでは実測値に対して13〜18％以上の誤差がある。

表1-4　重ね合わせ法と河道計算法のピーク流量の比較（㎥/s）

降雨イベント	1998年	1999年	2001年
①重ね合わせ法	10,413.95	6,130.86	6,788.16
②河道計算法	10,159.99	5,494.20	5,870.42
③実測値	9,222.35	5,201.51	6,784.95
①と③誤差	12.9％	17.8％	0.05％
②と③誤差	10.1％	5.6％	−13.5％
①と②の差	253.96	636.66	917.74
減少割合（％）	2.43	10.38	13.52
相関係数（重ね合わせ）	0.90	0.979	0.971
相関係数（河道計算）	0.987	0.993	0.994

次に、超過確率降雨に対する解析予測を行った。カスリーン台風の2

日間の降雨量に相当する流域平均降雨量300mm/2day、超過確率1/165の疑似降雨として与え、かつ図1-23に示したように分割流域の降雨分布は既往研究[24]をもとに、降雨波形は1998年の台風時の中央集中型として、重ね合わせ法と河道計算法の解析を行った。シミュレーション結果は図1-24のようになり、河道計算法の河道貯留効果による洪水流量の低減効果が認められ、ピーク流量は重ね合わせ法では10％程度大きいことがわかる。

したがって、安藝皎一の指摘は重要な予見であったことになる。現在の八木沢ダムをはじめとする利根川上流6基のダム群が稼働している現

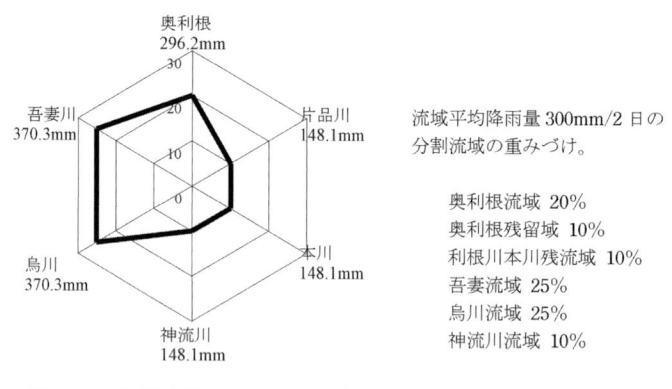

図1-23　分割流域の疑似降雨分布（1998年の降雨パターン）

流域平均降雨量 300mm/2日の分割流域の重みづけ。

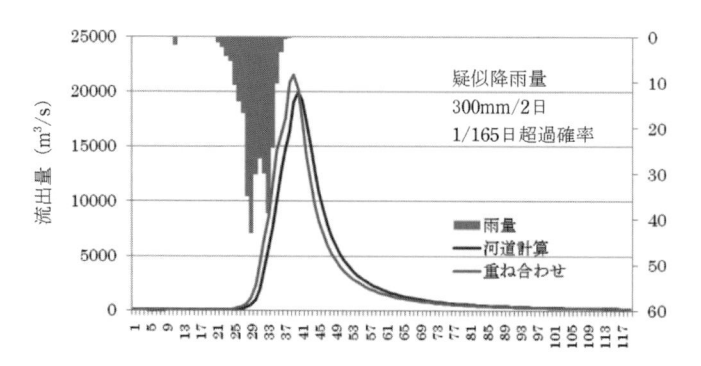

奥利根流域　20％
奥利根残留域　10％
利根川本川残流域　10％
吾妻流域　25％
烏川流域　25％
神流川流域　10％

図1-24　八斗島地点の流出予測（1998年の降雨パターン）

状でも、シミュレーションではピーク流量は19,969m³/sとなり、ダム調節、河道貯留効果を考慮しても利根川の計画高水流量16,500m³/sを上回る可能性があることが推定される。この降雨は1/165確率に相当し、地球温暖化による極端現象が続く現代の適応策を考えれば、将来発生する可能性があり得るものと考えられる。

(5) 洪水をもたらした台風と降雨分布

上記の検討対象とした利根川流域には、過去に四つの大きな台風が襲来し、その降雨分布の特徴を示している。

① 1947年カスリーン台風の降雨分布

各流域での総降雨量は、奥利根流域で273mm、吾妻川流域で271mm、烏川・神流川流域では388mmであった。利根川上流域では3日間で318mmの雨が降り、時間最大雨量は31.5mm/hであった。図1-25には等雨量分

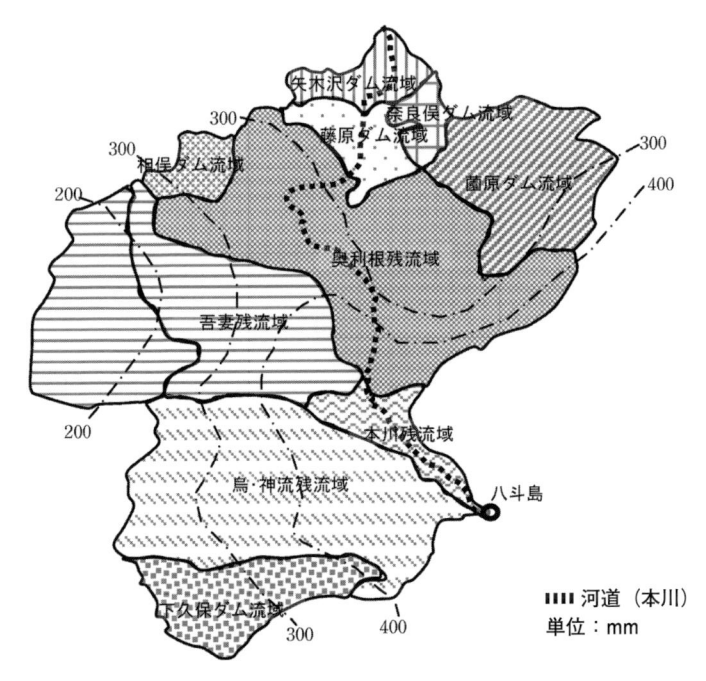

図1-25 1947年カスリーン台風の等雨量線

布を示した。赤城山を中心とする山地一帯で、おびただしい土砂流出が発生した（国土交通省、2003）[21]。このときの八斗島基準点での洪水流出量は16,850㎥/sと推定され、既往最大洪水量として記録されている（内務省関東土木出張所、1947）[31]。

② 1959年伊勢湾台風の降雨分布

この伊勢湾台風は、1934（昭和9）年の室戸台風、1945（昭和20）年の枕崎台風に次ぐ、観測史上で三番目の大型台風であった。その等雨量分布図を図1-26に示した。各流域での総降雨量は、奥利根流域で178mm、吾妻川流域で250mm、烏川・神流川流域では224mmであった。利根川上流域では3日間雨量214mmが降り、時間最大雨量は14.4mm/hであった。また、このときの八斗島基準点での実測ピーク流量は8,280㎥/sで

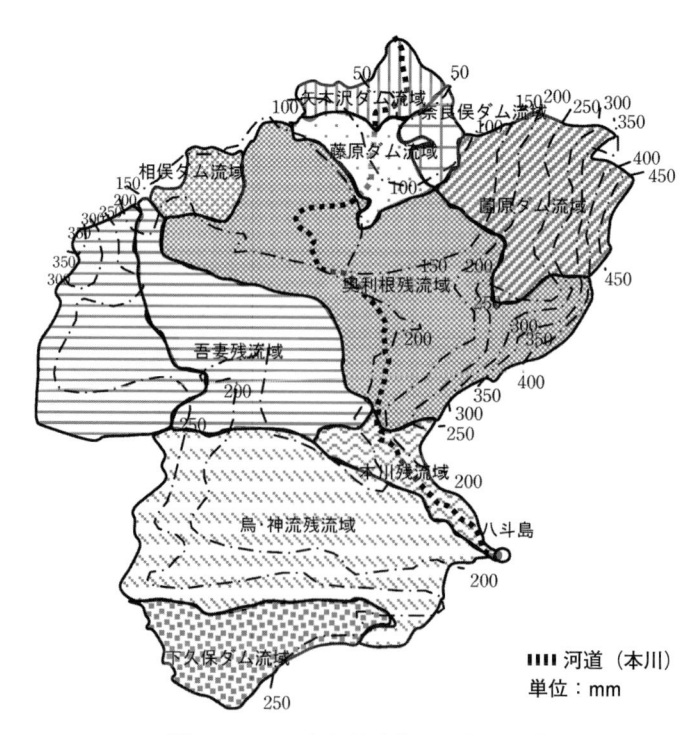

図1-26　1959年伊勢湾台風の等雨量線

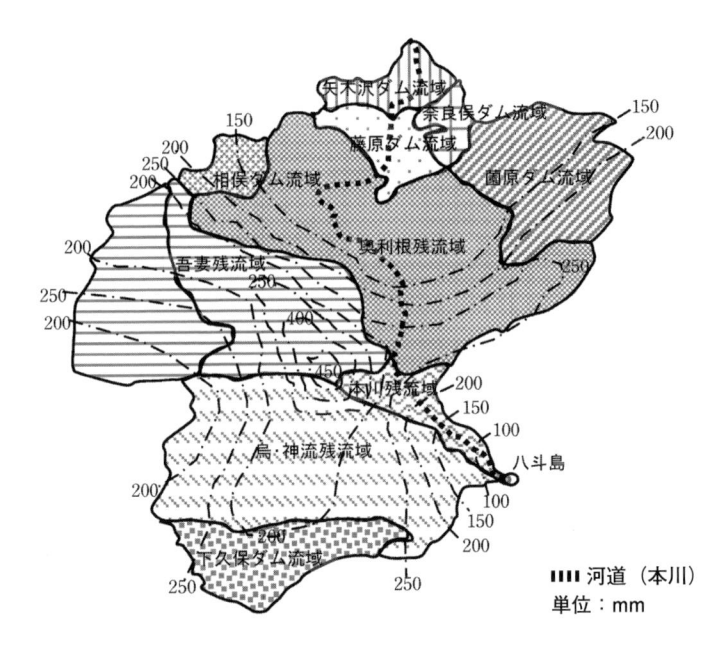

図1-27　1981年台風第15号の等雨量線

あった。

③ 1981年台風第15号の等雨量線

台風第15号の各主要流域での総降雨量は、奥利根流域で198mm、吾妻川流域で321mm、烏川・神流川流域では260mmであった。利根川上流域では3日間で253mmの雨が降り、時間最大雨量は13.4mm/hであった。また、このときの八斗島基準点での実測ピーク流量は7,367㎥/sであった。この等雨量分布図を**図1-27**に示した。

④ 1998年台風第5号の等雨量線

各流域での総降雨量は奥利根流域で169mm、吾妻川流域で189mm、烏川・神流川流域では204mmであった。利根川上流域では3日間で185mmの雨が降り、時間最大雨量は26.8mm/hであった。また、このときの八斗島基準点での実測ピーク流量は9,770㎥/sであった。その等雨量分布図を**図1-28**に示した。

次に、利根川上流域の空間的降雨分布特性を整理する。

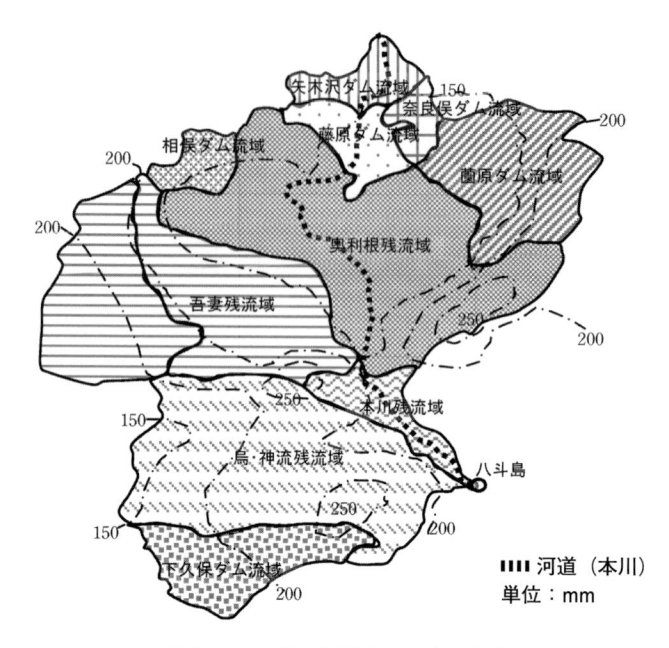

図1-28 1998年台風第5号の等雨量線

利根川上流域は図1-19に示したように、地形的にも流出解析上の残流域を含む六つの小流域に区分することができる。本研究で対象とした降雨はその大部分が2日間で終了しているため、降雨解析期間を2日間と設定した。各流域の降雨地域特性は2日間雨量比として、式（1.1）によって算出した。

$$K_n = \frac{R_n}{\sum_{i=1}^{6} R_i} \times 100 \tag{1.1}$$

ここに、K_n：流域の2日間雨量比（%）、$\sum_{i=1}^{6} R_i$：主要6流域の2日間雨量の総和（mm/2days）、R_n：n流域の2日間雨量（mm/2days）、n：主要流域である。

算出された2日間雨量比によって、流域別の降雨分布図と利根川上流域のハイエトグラフを図1-29に示した。総降雨量に占める流域別の割合が示されているヘキサゴンの頂点に対象流域とその2日間雨量を示し、その下に利根川上流域2日間雨量を示した。1947（昭和22）年カスリーン

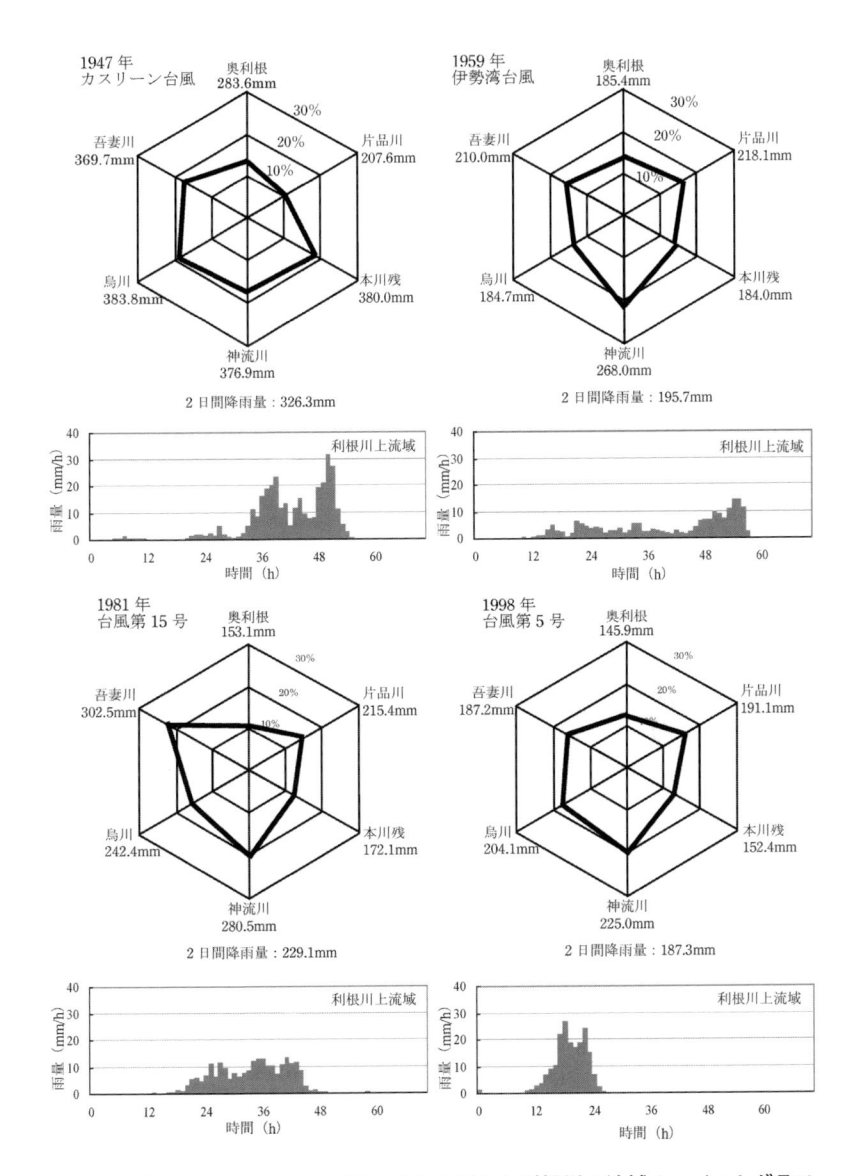

図1-29 対象台風における2日間雨量分布割合と利根川上流域のハイエトグラフ

台風の降雨は、現在ダムのある奥利根地域、片品川流域には少なく、本川残流域や烏川流域に集中している。その後の主要なイベントも同様に奥利根地域、片品川流域には少なく、吾妻川、神流川流域に強い降雨が分布している。特に、1947年、1981年、1998年の強い雨域は赤城連峰、榛名山などの山麓斜面（残流域）に集中している。

このように、実現象の降雨の空間分布は、降雨計画やダム配置で意図することと異なり、地形的な要因が推察される。地形と降雨分布に関する研究では、山田啓一が大雨の分布形態と地形性の関係について検討し、流域平均雨量は前線の発達状態や台風の規模、強さに支配されるが、個々の地点の降雨量は気象擾乱の性質と地形条件に強く依存することを指摘している（山田啓一、1985）[32]。さらに、利根川流域を対象に地形量による多雨度の推定を行い、地形勾配、風上側の高い山岳を障害として、観測所の標高、山越えによる降雨補正を計量化し、500m以上の地点では多雨度の推定が可能であることを証明している（山田啓一、1985）[32]。また、Tasakaは強雨と地形の関係について、四国地方の雨量分布を調べ、時間雨量分布は特定の地域に集中して現れないが、日雨量分布では山岳の南斜面に強雨域が現れるとしている（Ikuo Tasaka、1981）[33]。これらの指摘は、時間単位よりも日単位での分布の方が地形との関係が強く、大河川の洪水を考えるとき、地形と降雨分布の重要性を示唆している。一般に標高が高くなるほど降雨量は増加するが、高い山では多雨地帯を越えると再び減少することが確認されている（J. Smallshaw、1953）[34]。

以上の既往研究からも、利根川上流域の空間的降雨分布特性は、地形的な効果が支配しているものと考えられる。

(6) 洪水確率と近年の土地利用

利根川上流域は、1947（昭和22）年9月のカスリーン台風以降、大きな洪水はなかった。また、1998（平成10）年9月16日の台風5号以降も大きな降雨量はなく、洪水氾濫などによる被害は極めて少ない。しかし、1998年9月の台風5号は、前橋市内の河川敷まで水位が上昇し、河川敷に駐車していた市民や、県庁・市庁舎の職員の自家用車が200台ほど流さ

れた。この時以来、駐車場の河川敷利用はなくなり、管理を担当していた職員が自死をするという悲しい結末になった。

表1-5に、利根川上流域の最近の上位10洪水を示した。降雨イベントごとに3日間の流域平均降雨量も記している。カスリーン台風の318mm/3日が極めて特異な降雨であった。そのほかは、1959年の伊勢湾台風、1981年の15号台風、1988年の5号台風の4個である。このとき、八斗島地点より上流に完成しているダム群は、1947年のカスリーン台風時はゼロ、1959年の伊勢湾台風時は2基、1981年の15号台風時は5基、および1988年の5号台風時は6基となっている。カスリーン台風と同様に、主要な台風においても八斗島基準点における年超過確率降雨に対応するピーク流量の検証を行い、その結果を**図1-30**に示している。このように、年々治水安全度は上昇している。2〜10年確率の小規模降雨より、それ以上の中・大規模の降雨に対して有効にピークを低減させている。1998年の200年確率を計算ピーク流量で比較すると、ダムの整備されていない1947年の治水安全度は100〜120年確率であったが、1959年には藤原ダムと相俣ダムの治水効果により125年確率とやや向上している。さらに、1981年には薗原ダム、矢木沢ダム、下久保ダムの治水効果により180年確率にまで向上している。

表1-5 利根川上流域における上位10洪水

洪水生起年月日[※1]	八斗島ピーク流量（m³/s）	流域平均3日雨量（mm）	ダム群の管理開始状況
1935.9	9,030		ダムなし
1941.7	8,990		
1947.9.15	(17,000)[※2]	318	
1949.9.1	10,500	204	
1958.9.18	8,730	168	藤原ダム
1959.8.14	8,280	214	相俣ダム
1981.8.23	7,367	253	薗原ダム 矢木沢ダム 下久保ダム
1982.8.2	7,529	223	
1983.9.13	8,006	209	
1998.9.16	9,770	185	奈良俣ダム

※1：S10（1935）〜H16（2004）のデータ
※2：（　）書きは推定値
太字は研究対象降雨

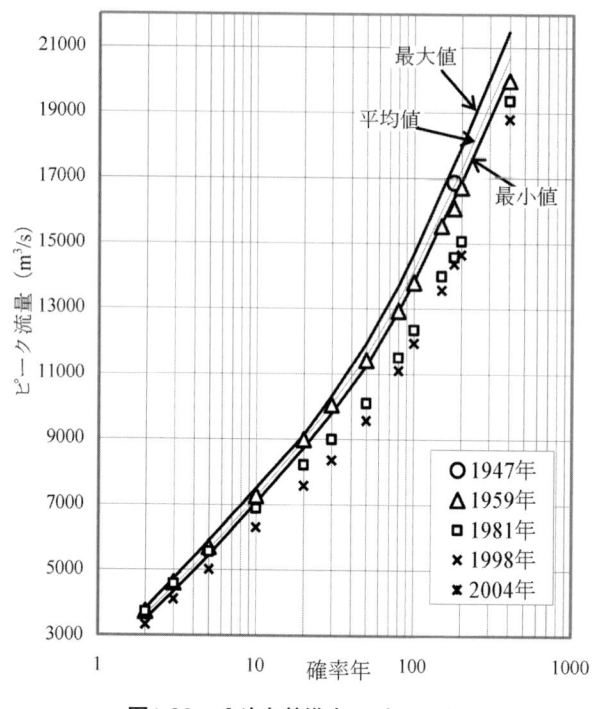

図1-30　八斗島基準点のピーク流量

　一方、利根川上流域の土地利用状況はどのようになっているのか、調査結果を示した。1947年、1959年、1981年、1998年、さらに2004年を検証年としているため、経済成長を遂げるまでの過程で、群馬県内の土地利用、主に森林面積はどのように変化してきているのだろうか。

(a)　群馬県全域の森林面積と森林面積率の変化

　1958年から2004年までの群馬県の森林面積（ha）の経年変化は、1967年を除いて、1958年が417,949haに対して1968年から急激に森林面積は増加し、1981年に429,056haでピークとなり、その後2004年まで縮小傾向にある。一方、森林面積率はこの46年間大きな変化がなく、概ね66〜67％で推移している（群馬県林務部：1959〜2005)[35]。最も森林面積に乖離がある年でも、その差は2.6％である。また、1958年と現在とではわずか1.4％しか変化していない。カスリーン台風前後の1945年から1958年

までのデータは入手できなかったが、森林面積率が大きく変化しているとは考えにくい。

このように森林面積の推移は変動しているものの、群馬県の面積に対する森林面積の割合は大きく変化していない。したがって、利根川上流域の森林面積だけからみると、降雨の流出現象に大きく影響を及ぼす変動は少ないものと推察することができる。

(b) 群馬県全域の土地利用の変化

流出解析における各検証年について土地利用の変動を調査した。群馬県全域を対象にしたが、1947年は資料がないため、1959年、1981年、1998年、および現況を把握するためにも2003年を図1-31に示した。森林面積は前記したとおり、大きな変動は認められない。水田・畑地の面積は市街地化とともに縮小傾向にあり、約20％から10％と推測される。そのため、土地利用の高度化が進み、その他が増加していると考えることができる。

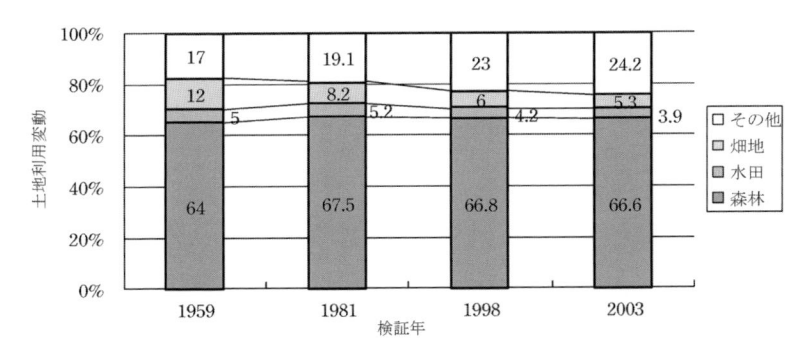

図1-31 検証年の土地利用変動

●参考文献・引用文献

1) 東京都下水道局ホームページ
2) 東京都建設局河川部計画課：85'東京の中小河川、p.116、1985年
3) 東京都建設局河川部：神田川・環状七号線地下調節池、平成17年6月発行（16年度）登録番号第7号
4) 東京都建設局河川部：神田川の水害対策Ⅰ～これまでの整備と効果～、パンフレット
5) 石森久仁子・土屋十圀：環状七号線地下調節池のピーク流量低減効果と降雨特性による治水安全度の評価、水工学論文集 第51巻、土木学会、pp.385-390、2007年2月
6) 国土技術研究センター：水文統計ユーティリティー Version1.5
7) 石森久仁子・土屋十圀：出石川における洪水流出予測と2004年台風23号出水時の氾濫解析、水工学論文集 第52巻、土木学会、pp.817-822、2008年2月
8) 治河要録・川除仕様帳ほか、日本農書全集65、農村漁村文化協会、1997年
9) 河川伝統工法研究会：河川伝統工法、地域開発研究所、1985年
10) 山本晃一：日本の水制、山海堂、1996年
11) 冨永晃宏・井嶋康二・中野義郎：斜め越流型水制周辺の流れ構造のPIV解析、水工学論文集 第45巻、pp.379-384、2001年
12) 福岡捷二・西村達也・岡信昌利・河口広司：越流型水制周辺の流れと河床変動、水工学論文集 第42巻、pp.997-1002、1998年
13) 川口広司・岡信昌利・福岡捷二：越流型水制群に作用する流体力の特性、水工学論文集 第44巻、pp.1065-1070、2000年
14) 土屋十圀・諸田恵士：合流部・湾曲部における水制工の効果とその影響に関する実験的研究、河川技術論文集 第8巻、pp.255-260、2002年
15) 林健次郎・藤井優宏・重村利幸：開水路における円柱群に作用する流体力に関する実験、水工学論文集 第45巻、pp.475-480、2001年
16) 冨永晃宏・青木健太郎・木村聡洋：円柱粗度による湾曲部河床変動の制御に関する実験的研究、水工学論文集 第45巻、pp.769-774、2001年
17) 吉川秀夫：河川工学（改訂増補版）、朝倉書店、1993年
18) 池田駿介：詳述水理学、技報堂出版、1999年
19) 諸田恵士・土屋十圀：牛枠工の抵抗特性と乱流に関する実験的研究、河川技術論文集 第9巻、pp.255-260、2003年
20) 土屋十圀：利根川上流域の支川合流に伴う河道貯留効果と計画高水流量の考察、水文・水資源学会誌 Vol.24 No.6、pp.337-347、2011年
21) 国土交通省関東地方整備局利根川ダム統合管理事務所：業務のあらまし、pp.1-25、2003年
22) 建設省関東地方建設局：利根川百年史、建設省関東地方建設局、pp.906-909、1987年
23) 木村俊晃：貯留関数法による洪水追跡計算法、建設省土木研究所、p.1-290、1961年

24) 中村要介・土屋十圀：ダムの増設に伴う利根川八斗島基準点における治水効果の検討、水工学論文集第50巻、2005年3月
25) 群馬県：「カスリーン颱風の研究」、利根川水系における災害の実相、日本学術振興会群馬県災害対策特別委員会報告、pp.288-443、1950年
26) 高橋保：河川合流部における洪水流の特性に関する研究、京都大学防災研究所年報第15号B、pp.371-383、1972年4月
27) 高橋保：洪水の水理―被害の評価と対策―、近未来社、pp.146-156、2010年
28) 玉井信行・上田悟：乱流モデルによる河川合流部の流れの予測、第31回水理講演会論文集、pp.437-442、1987年2月
29) 大本照憲・平野宗夫・天野光歩・松尾誠：河川合流部の大規模渦構造と河床形状、水工学論文集 第36巻、pp.373-378、1992年2月
30) 福岡捷二・五十嵐崇博・西村達也・宮崎節夫：河川合流部の洪水流と河床変動の非定常三次元解析、水工学論文集 第39巻、pp.435-440、1995年2月
31) 内務省関東土木出張所：昭和二十二年九月洪水報告書、内務省関東土木出張所、p.36、1947年
32) 山田啓一：大雨の分布形態と地形量の関係ついて、第29回水理講演会論文集、pp.197-202、1985年2月
33) Ikuo Tasaka：A Case Study of Distribution of Heavy Rainfall Cased by Typhoon, The Science Reports of the Tohoku University 7th Series, Geography, Vol.31, pp.172-179, 1981
34) J.Smallshaw：Some precipitation-Altitude Studies of the Tennessee Valley Authority, Transaction of American Geophysical Union, Vol.34, pp.583-588, doi=10.1.1.106.893&rep=rep1 &type=pdf, 1953.
35) 群馬県林務部：群馬県林業統計書、群馬県林務部林政課、1958年度版〜2005年度版、1959〜2005年

2 河川水害の社会性と要因

◆ 現代に生きる諸国山川掟

　なぜか災害は当事者や関係者でないと忘れられやすい。寺田寅彦は「災害は忘れたころにやってくる」と名言を残した。人には無意識に、困難なもの、嫌な記憶を封じたいという気持ちがあるのかもしれない。しかし、近年、災害は忘れないうちに毎年発生している。ここでは、発生したすべての水災害について詳述することはできないが、最近の水災害を思い起こしてみる。

　2000（平成12）年9月に大都市名古屋を襲った東海豪雨は、日降雨量428mmであった。庄内川の決壊をはじめ、都市化された名古屋市郊外の西琵琶町など低地帯は数日浸水し、排水のために機能すべきポンプまで水没する事態を招いている。一般被害額は6,560億円にも達した。さらに、2004（平成16）年は、観測史上最多となる10個の台風が日本列島に上陸した年である。新潟県信濃川支川の刈谷田川、五十嵐川、福井県足羽川の決壊と氾濫、兵庫県豊岡市円山川、出石川などの破堤と市域のほぼ全域の氾濫である。

　さて、水災害には、流域管理や水管理という政策的側面があり、社会性の問題が常に内在している。歴史学の分野では、災害史は研究の対象になっていないという。学校における歴史学の教育では、人物と事件と年代だけであり、その災害の背景・因果関係や社会的影響などについてはあまり教えられていない。しかし、3.11東日本大震災をきっかけに、災害の伝承が重要視されるようになった。そして、甚大な被害をもたらした災害、社会の混乱から、為政者や時代の転換につながったともいわれている。

文学者の故大石慎三郎の『江戸時代』(中公新書)によると、江戸時代の1666（寛文6）年と1684（貞享元）年の2回にわたり、幕府の老中4人の名で、諸国に山川掟を発している（**図2-1**)[1]。古文書の要約は次のとおりである。「(イ)、近年、新田畑の開発があまりにも進みすぎて、草木の根まで根こそぎに掘り取ってしまうため、風雨があるとすぐ、土砂が河川に流れ込んで河床が高くなり、流水が円滑を欠いて洪水になるので、今後草木の根まで掘り起こすことを禁止する。」「(ロ)、河川の上流の山方左右の樹木のないところは、今春から早速植樹をして風雨で土砂が流されないようにすること。」「(ハ)、前々より川敷の中で、河原になっているところを掘り起こして田畑にし、また、竹木萱の木立を焼き払ってつくる焼畑も今後一切禁止する。」というものである。

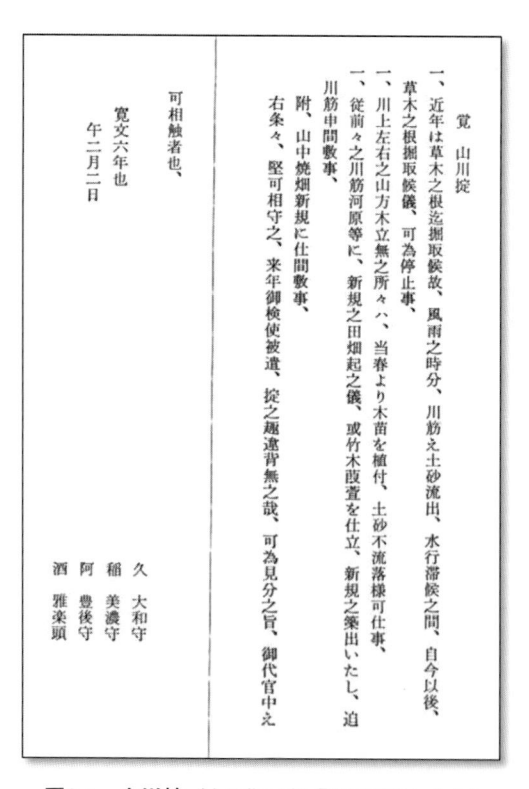

```
　　　　　覚　山川掟
一、近年は草木之根迄掘取候故、風雨之時分、川筋え土砂流出、
　草木之根掘取候儀、可為停止事、
一、川上左右之山方木立無之所々ハ、当春より木苗を植付、土砂不流落様可仕事、
一、従前々之川筋河原等に、新規之田畑起之儀、或竹木萱葭を仕立、新規之築出いたし、迫
　川筋申間敷事、
　附、山中焼畑新規に仕間敷事、
　右条々、堅可相守之、来年御検使被遣、掟之趣違背無之哉、可為見分之旨、御代官中え
　可相触者也、
　　寛文六年也
　　午二月二日
　　　　　　　　　　　　　久　大和守
　　　　　　　　　　　　　稲　美濃守
　　　　　　　　　　　　　阿　豊後守
　　　　　　　　　　　　　酒　雅楽頭
```

図2-1　山川掟（大石慎三郎『江戸時代』より）

大石慎三郎によると、江戸時代の開発万能主義に対して、本田畑を中心の精農主義に戻るように農民に戒めた重要な法令を出している。宝暦の前後、全国いたるところで洪水が頻発して、人畜、家屋、田畑に多くの被害を与えている。農民たちは年貢が免除された土地開発に熱中したため、本来の田畑の管理を怠り、多量の荒廃田を生むことになった。そのため幕府そのものが政策転換を図ることになったのである。

　前述のように、国土の山河を保全することと水害は無縁ではないことは江戸期から指摘されている。今日の水害は、地球温暖化の進行による極端な気象現象のもとにあるにせよ、これもまた然りである。

　2004（平成16）年と2011（平成23）年に二度の水害を受けている信濃川水系刈谷田川・五十嵐川の氾濫と破堤について、信濃川本川との関係を抜きにしては、今後の解決策を見いだすことはできないのではないだろうか。2008（平成20）年8月、夏期ゼミで信濃川上流から下流の河口まで堤防に沿って現地視察を行った。越後平野の本川の治水は、一見安定しているように見えるかもしれない。しかし、大河津分水より新潟市河口までの約50km区間で、信濃川本川の河川敷面積8,927千㎡のうち河川占用による高水敷利用は、水田57.0％、畑29.4％を占めている実態があり、ことの重要性を新潟県、市町村、農政局と協議して水田の減少に努めることが、総務省から河川管理者に言及されている（**写真2-1**、図

写真2-1　水田の土地占用許可の更新を実施している例
（国土交通省信濃川河川工事事務所）

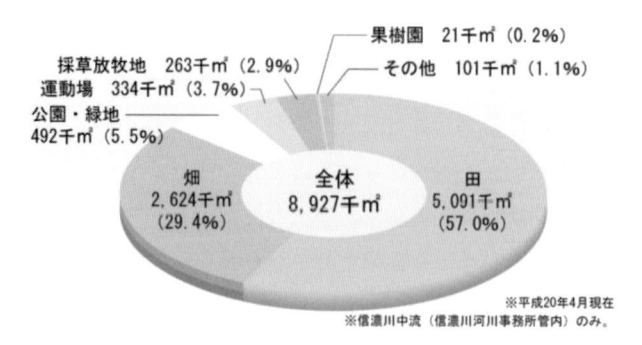

図2-2 河川区域の土地利用状況（国土交通省信濃川河川工事事務所）

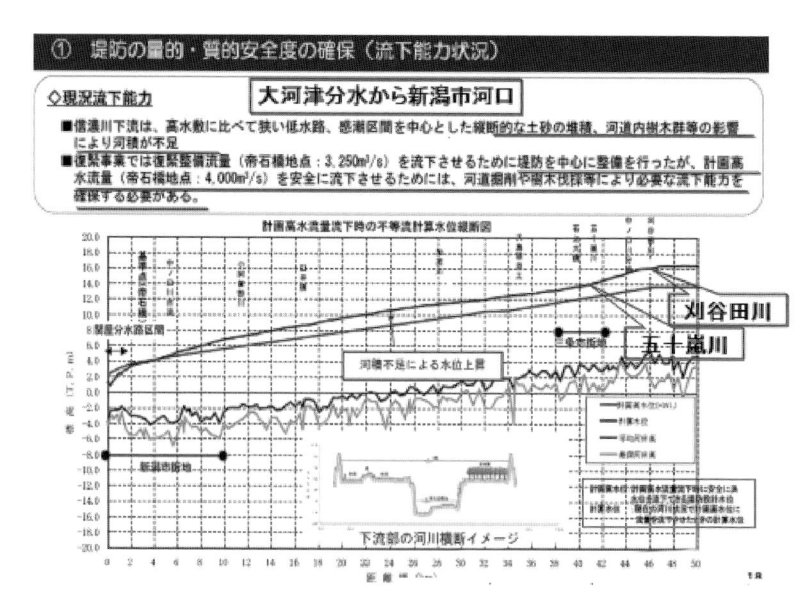

図2-3 信濃川現況の治水安全度（国土交通省東北地方整備局ホームページより）

2-2参照）。総務省から指摘されるまでもなく、本川の流水断面の解決なくして、支川の治水安全性は確保されないことは容易に推察できる。現況の流下能力について復旧事業で堤防中心の整備を行っているが、計画高水流量4,000m³/s（帝釈橋地点）を安全に流下させるためには、河道掘削と樹木伐採などにより流下能力の確保が必要であると、管理者自らホームページで述べている（図2-3)[2]。さらに、現状の不等流計算によれ

ば、計算水位は計画高水位に対し同区間で約2mの河積不足が指摘されている。「災害は、3日までは自然災害。しかし、その後は人為的災害だ。」といわれるが、信濃川の刈谷田川・五十嵐川のように、繰り返して続く水害に対しては、本川と支川の一貫した対策が期待される。この問題は、単に流域の都市化が水害の要因という都市型水害の問題というより、河川行政の河川計画と河川管理に関わる内部矛盾にあるように思われる。

江戸幕府の老中による諸国山川掟の通達のようにいかないのが現代民主主義の地域社会なのだろうか。2011（平成23）年7月の信濃川豪雨水害において、本川堤防の一部が越流したり、橋梁が水没したりしているのは危険信号というほかはない（**写真2-2**）。大河津分水路が完成して80年以上が経過している。江戸時代から悲願であった分水路は、1909（明治42）年に本格的な工事が始められ、22年間の歳月を要し、1931（昭和6）年に完成した[3]。当時、新潟土木出張所長の青山士の記念碑「万象ニ天意ヲ覚ルモノハ幸ナリ、人類ノ為、国ノ為」が分水路入口に建ち、越後平野の治水のために成し遂げられた業績である。80年後の下流の越後平野の変遷を予期していたであろうか。

写真2-2　河川敷に広がる水田と水没する橋梁：新潟市南区上八枚小須戸橋
　　　（写真提供：国際航業株式会社・株式会社パスコ）

◆ 神田川水害裁判の和解

(1) 都市化と水害

　都市河川のケースで、中小河川の水害の社会性を神田川水害裁判を通じて考察してみる。東京は戦後20年で復興し、1964（昭和39）年の東京オリンピックを成功させ、経済成長を続けた。しかし、7年後の1971（昭和46）年4月に「東京に広場と青空を」のスローガンを掲げた美濃部革新都政が誕生し、その後12年間続いた。翌年、1972（昭和47）年7月、田中角栄は『日本列島改造論』を出すが、この著書の中で美濃部のスローガンに対して「都民が求めていたことを痛感した」と書いている[4]。

　1970（昭和45）年の東京の人口は11,408,000人、終戦の1945（昭和20）年の人口の3.27倍に増加している。その後も都市化は激しく、都心から周辺の区・市に広がり、さらに、多摩地域へ市街化は急激に進んだ。このようなスピードで土地を蚕食した流域の変貌と水害の社会的関係について、高橋裕は『国土の変貌と水害』（岩波新書、1971年）[5]の中で、河川災害と日本の国土政策の関わりを河川工学者の立場から社会政策論的にも論じ、初めて「都市水害」あるいは「山の手水害」と呼び、冷静な視点で言及している。

　都市型水害が注目され始めたのは、1958（昭和33）年9月の狩野川台風水害である。伊豆、南関東に激しい豪雨をもたらし、台風は江の島周辺に上陸し、京浜工業地帯から茨城県、三陸へと進んだ。このときの被害は、死者・行方不明者929人、被害家屋は約17,000に達している。また、日雨量は、東京393mm、横浜287mmと記録的な豪雨となった。なお、東京では総降雨量444.1mm、最大時間降雨量76mmとなり、浸水面積21,103ha、床上・床下浸水戸数はそれぞれ、142,802棟、337,731棟、および死傷者203人を出している。狩野川台風は流域の伊豆地方の被害とともに、武蔵野台地に広がる東京の谷地形の低地を流れる中小河川水害や横浜の崖崩れを引き起こしていった（図2-4）。

　1958（昭和33）年は、高度経済成長期直前の段階とはいえ、都市化の開発が始まり、かつて自然があった丘陵地や中小河川の低地で、大きな

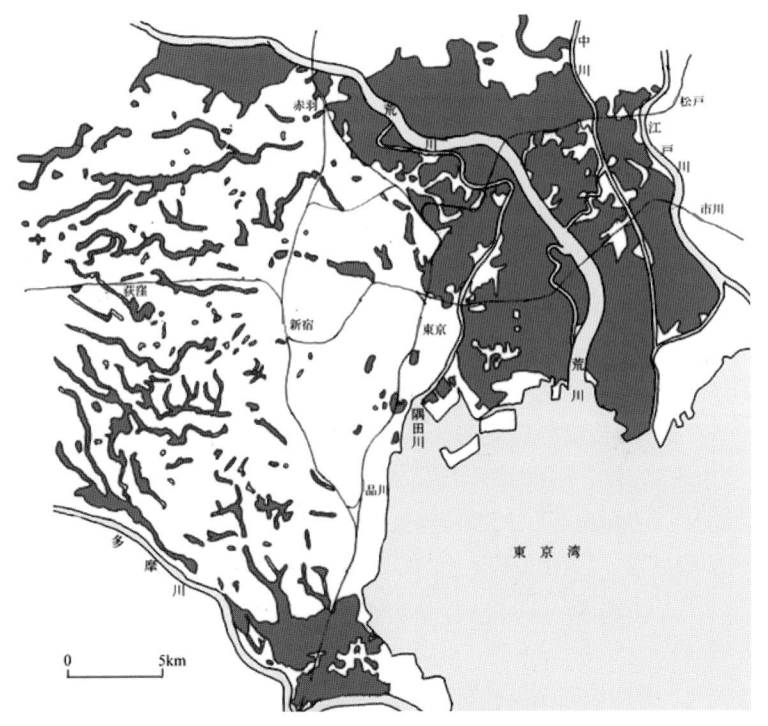

図2-4　1958年9月狩野川台風による東京23区の浸水域
（東京都の資料による。防災科学技術研究所提供）

浸水や崖崩れが発生している。1966（昭和41）年の台風4号では、浸水家屋こそ少ないが、死傷者318人を出し、豪雨のたびに東京の浸水被害は拡大している。

　このように、昭和40～50年代にたび重なる水害を受けて、東京都の治水対策は、緊急3か年整備計画（昭和39～41年）、緊急整備5か年計画（昭和42～46年）へと引き継がれ、当面は1時間30mmの降雨（1～2年に1回の確率）に対処し、その達成後に1時間50mmの降雨（3年に1回の確率）に対処する段階的な整備を図ることとなった[6]。これは当時、美濃部都政の都市問題の洗い出しから始まり、行政的には、河川版の「シビルミニマムの設定」と「中期計画」に基づき、中小河川整備事業が1969（昭和44）年から実施され、1985（昭和60）年度までに達成させるものとさ

れた[7]。しかし、1978（昭和53）年4月と翌年5月の二度の集中豪雨による神田川の氾濫があり、被災住民から賠償請求の提訴が行われたのであった。

この提訴は、新宿区高田馬場3丁目および同区下落合1丁目周辺の住民80名が、「神田川は通常有する安全性を有しているとはいえず、河川管理に瑕疵がある」として、国と東京都に85,481千円の損害賠償請求を起こした。神田川水害裁判と呼ばれ、約10年にわたって争われた。しかし、結果は東京地裁において1989（平成元）年6月13日和解が成立した。その条件は、「被告は河川法等に基づき今後とも適正な管理を行うこと」、「原告は請求を放棄する」であった。

この裁判では、上記の2例の洪水被害をきっかけに提訴しているが、神田川ではそれ以前から水害は連続していた[8]。原告は、裁判の直接的なきっかけとなった昭和53年4月、54年5月の二度の集中豪雨以前に、昭和49年3回、50年5回、51年3回、52年6回を経験し、困難な生活の実情を明らかにしている［準備書面（四）・原五五・八・二五］。ついに昭和53年6回、そして54年8回の被害があり、住民は日々水害の恐怖に脅かされ、生活や営業が崩壊させられたことから訴えている[9]。

これに対して被告の［準備書面（六）・被五五・十・六］では、昭和49年から54年までの新宿区内を流下する神田川の溢水回数は合計4回である[9]。また、1958（昭和33）年以来20数年間にわたり19回の水害に見舞われている。とし、新宿区内を流下する神田川沿川付近における水害発生回数として概ね認めている。しかし、すべてが神田川の溢水によるものではなく、この回数には内水によるものが含まれていると、回答している。このときの裁判記録から双方の主張は下記のとおりである。

〔原告の主張の要旨〕
　　河川の管理は河川のみを対象とした管理ではなく、雨水の排水機構である下水道等の営造物を含めた総合的な河川管理を行うべきである。現在の神田川は都市化に伴う流出機構の変化による流出増に対し、流下能力が著しく不足している。本件水害箇所は、これまでもたびたび水害に見舞われており、神田川は人口、財産の集中する都市部を貫流

する河川としては、とうてい「通常の安全性」を有するものとはいえず、同川の設置、管理に瑕疵があることは明白である。

〔被告の主張の要旨〕

　河川管理は、治水事業を行うについて課せられた財政的、時間的、技術的、社会的な諸制約の中で本来的に洪水氾濫という危険を内包している河川について、その危険を軽減し、より安全なものに近づけていく努力の過程であり、神田川を含め我が国における河川の現況は前述の諸制約の中にある。国等は前述の諸制約の中で、水害危険の除去軽減に努めるべき政治的責務を負っているものとはいえるが、それが法的責任となるのは前述の諸制約の下で達しえている一般水準から判断して著しく劣っているため、何らかの営為に出るべきにもかかわらずこれを放置した場合に限られる。

　神田川の管理は、河川法の定めるところにより行ってきており、神田川の管理瑕疵の判断基準は同種、同規模の河川の管理の一般水準および社会通念に照らして判断されるべきであり、神田川にかかる治水の水準は前記水準をむしろ上回っており、同河川の設置、管理は適正に行ってきている。大東水害訴訟最高裁判決が示した河川管理瑕疵の判断基準に照らし、本件神田川の管理瑕疵はない[10]。

　この裁判の中で、被告が陳述している都市化と河川管理の立場は、当時の東京がいかに激しい開発であったのか理解することができる。すなわち、昭和30年代から40年代半ばの人口集中による市街地面積の推移は、全国で、1960（昭和35）年に3,865km^{2}であったが、1984（昭和59）年には8,275km^{2}となり、2.14倍となる。三大都市圏では同様に、1,919km^{2}から4,258km^{2}と2.22倍に拡大している。これは有史以来の1960（昭和35）年までに形成された市街地面積を15年間で形成され、上回ったことである。異常な状況とも述べている。その結果、異常な都市化に伴って生じた社会現象は、河川管理者の立場からみれば全く制御しえない社会現象によって発生したもので、いわば抑制不可能な外的要因によって生じたものである。その結果、河川は治水対策の必要性が更に加重されること

になった。とも述べている。地下の高騰、用地取得の困難性など、河川管理における社会的制約がいかに大きなものとなっていたのか明らかにされている。

(2) 政策的・技術的課題

この裁判では、口頭弁論44回、現地検証2回、鑑定事項整理打合せ14回を行い、和解に至っている。この中で、政策的・技術的な議論の主張点は三つあった。①水害の溢水氾濫の原因、②神田川の計画と下水道計画の整合性、③下水道の吐口制限、である[10]。

①については、溢水の原因解明のため、最新の手法によって調査・検討を加えたが、流出増の変化を要因別に定量的に把握するまでに至らなかったとしている。流出モデルによる試算でも、結果を検証する観測データが存在しないため、定性的には認識できるが、定量的な把握は困難であったとしている。流域の変化のうち、不浸透域の増加の影響と下水道整備の影響とを分離し、流出量増加の影響を定量的に評価する手法は研究途上で確立されていない。

②の河川計画と下水道計画との整合性については、河川の計画は下水道に比べてより高い安全度で計画されているため、流出係数に多少の差があっても問題はない。

③については、河川の旧計画（50mm/h）と下水道の計画は整合が図られているので、高田馬場分水路工事により安全性が向上していることから、下水道の吐口制限をする必要はなかった。逆に、神田川の全川で一律に吐口制限をすれば、内水被害を助長し、頻発させることになる。被告の立場からは、最終的に、国や東京都は流域の都市化等の状況の変化に対応して、神田川は他の河川より先駆けて、重点的に膨大な財政投資をして治水対策を行ってきた。よって、神田川の改修計画は適正かつ合理的であり、河川の管理瑕疵責任はないとの立場を貫いた。

この水害が頻発した回数とその原因について着目する。被告側は、1974（昭和49）年から1979（昭和54）年までの新宿区内を流下する神田川の溢水回数は合計4回で、1958（昭和33）年以来20数年間にわたり19回の

水害に見舞われているとしている。原告の主張している水害件数に食い違いがあるものの、極めて多発している状況である。その水害は、河川の溢水よりも内水氾濫によるものが多いと推定できる。したがって、流出モデルによる試算において、当時の解析では観測データの存在もなく、内水氾濫解析までは困難であったことが窺える。東京23区内の下水道普及率50％程度の時代であり、河川・下水行政との連携は皆無といってよい。

神田川水害訴訟の5年ほど前の1984（昭和59）年に、都市河川の河川管理の治水対策に瑕疵があったとして、同様な河川管理が議論された大東水害訴訟の最高裁判決が出されていた。したがって、原告の立場としては、最後まで控訴を続けても結論は見えていたのではないかと推察される。

大東水害訴訟は、1972（昭和47）年に大阪府大東市において、大雨による洪水で市内を流れる寝屋川が氾濫し、同市内の低湿地帯の居住世帯が床上浸水の被害を受けた災害に由来する訴訟であった。この災害で床上浸水などの被害を受けた住民は、一級河川谷田川（たんだがわ・寝屋川の支流）の治水に瑕疵があったことが被害の原因であるとして、国家賠償法第2条に基づく損害賠償を求め、国、大阪府、大東市を被告として提訴した[11]。

裁判での争点は、自然公物である河川の設置・管理に瑕疵が認められるかどうかの基準内容であった。最高裁判所は以下のような判決を出している。「過去に発生した水害の規模、発生の頻度、発生原因、被害の性質、降雨状況、流域の地形その他自然的条件、土地の利用状況、その他社会的条件、改修を要する緊急性の有無およびその程度等、諸般の事情を総合的に考慮し、前記諸制約のもとでの同種・同規模の河川の一般的水準および社会的通念に照らして安全性を備えていると認められているかどうかを判断基準として、改修計画が進んでいない河川については、その計画に不合理な点がなく、後に変更すべき特段の事情が発生しない限り、未改修の部分で水害が発生しても、河川管理者たる国には損害を賠償する責任はない」[参照：最1判 昭59・1・26 民集2号 53頁]。

この判決は、その後の水害訴訟(例えば、9.12水害:1976(昭和51)年9月12日に岐阜県で発生した大規模な水害)で踏襲され、多摩川水害訴訟における1990(平成2)年12月13日の判決で付加意見が出されるまで、行政責任をより限定的に解釈する「水害訴訟冬の時代」が続いたことも背景にあった。改修計画が進んでいない河川において、その計画に不合理な点がなく、未改修の部分で水害が発生しても河川管理者には賠償する責任はないこと、河川は道路などの人工的な都市施設と異なり、河川が自然公物であること、気象などに大きく影響を受けること、という判断があったものと推測することができる。いわば人為ではどうにも

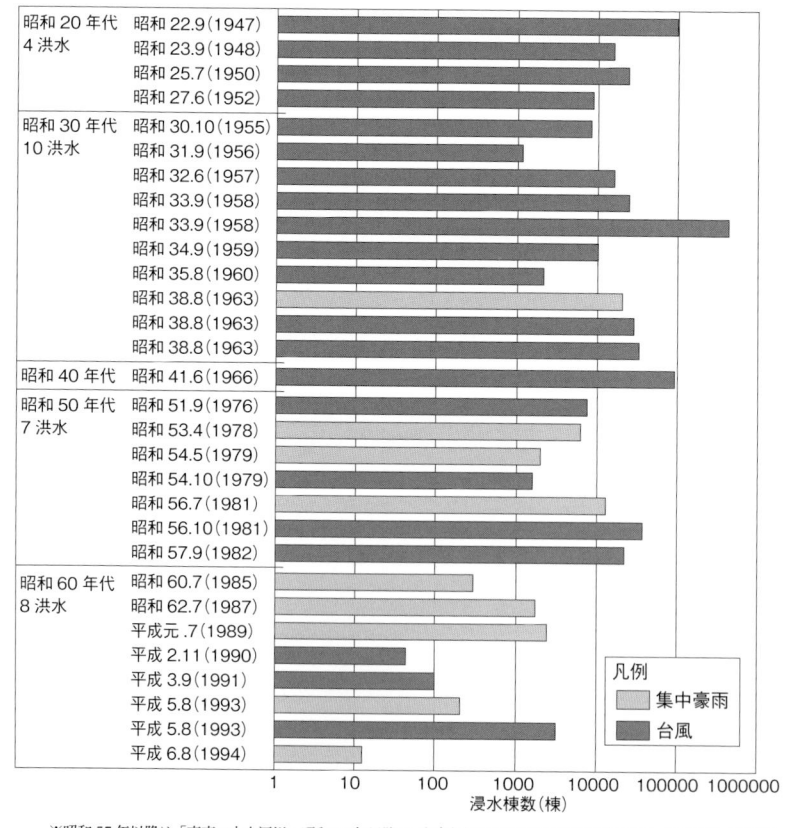

昭和20年代 4洪水	昭和22.9(1947)
	昭和23.9(1948)
	昭和25.7(1950)
	昭和27.6(1952)
昭和30年代 10洪水	昭和30.10(1955)
	昭和31.9(1956)
	昭和32.6(1957)
	昭和33.9(1958)
	昭和33.9(1958)
	昭和34.9(1959)
	昭和35.8(1960)
	昭和38.8(1963)
	昭和38.8(1963)
	昭和38.8(1963)
昭和40年代	昭和41.6(1966)
昭和50年代 7洪水	昭和51.9(1976)
	昭和53.4(1978)
	昭和54.5(1979)
	昭和54.10(1979)
	昭和56.7(1981)
	昭和56.10(1981)
	昭和57.9(1982)
昭和60年代 8洪水	昭和60.7(1985)
	昭和62.7(1987)
	平成元.7(1989)
	平成2.11(1990)
	平成3.9(1991)
	平成5.8(1993)
	平成5.8(1993)
	平成6.8(1994)

凡例:集中豪雨、台風
浸水棟数(棟)

※昭和57年以降は、「東京の中小河川」、昭和60年以降は、東京都河川局防災課調査「最近の主な水害状況」より抜粋

図2-5 戦後の年代別浸水棟数と気象 (東京都河川部資料)

ならない「天災論」であり、東日本大震災における巨大地震津波の「想定外論」ということと共通した解釈につながるものである。

　ここで、その後の東京都河川部資料の戦後の年代別浸水棟数と気象（集中豪雨・台風）の貴重な資料に着目したい（図2-5）。1978（昭和53）年4月と翌年5月の二度の集中豪雨は、原告の裁判のきっかけになっている。昭和50年代から浸水被害をもたらした気象要因が、それまでの台風から集中豪雨の多発へと変化している（写真2-3）。戦後、昭和20年から40年代までは、台風による浸水被害が大河川を中心に頻発していたが、50年代からは都市化の影響は集中豪雨という新たな気象のタイプに変化してきた。すなわち、のちの「ゲリラ豪雨」である[12]。この集中豪雨をもたらす降雨強度の強い雨域は、直径が2〜5kmと極めて狭い範囲である。流域面積が105.0km²程度の神田川流域にあっても、隣接する区域では降雨がないところと降雨があるところが極端に時空間的に変化している（図2-6）。しかも、流域が大きくない都市河川の流出現象の検証モデルは合理式で求められる。当時の技術では、流域平均雨量を入力する仕組みから洪水の実現象である降雨・流出現象を正確に再現することは難しい。すなわち、台風による比較的広範囲の降雨と異なり、集中豪雨の降雨域は、都市のヒートアイランド現象によって空間的には局所的に集中する

写真2-3　昭和56（1981）年7月、集中豪雨による神田川の洪水
　　　　　（新宿区高田馬場）（東京都建設局）

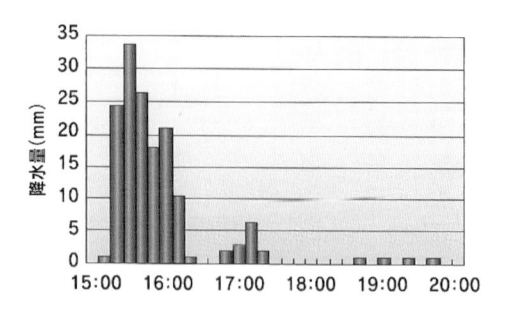

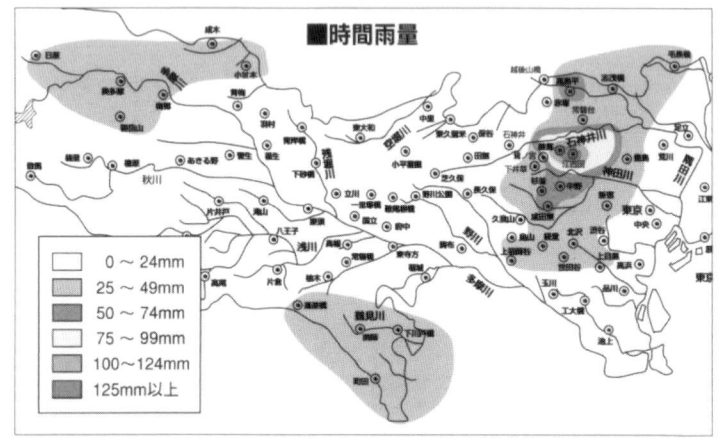

図2-6　1時間雨量の分布とハイエトグラフ（100mm/hを超す豪雨が短時間に局所的に発生）(1999年7月21日、江古田観測所・東京都河川部)

からである。そのうえ畑地や丘陵地は開発され、激しい都市化であり、土地利用は急速に住宅や道路などで市街化している。したがって、都市河川の流出時間は早く、洪水到達時間は極めて短い。今日、水文観測データの5分値や10分値の把握は当然可能であり、河川の水位データ、降雨データも精度の高い気象観測が可能になった。テレメータ化が進んだ1982（昭和57）年以前と以後の比較をすれば、以前の検証過程は技術的に困難であったと考えられる。

　1977（昭和52）年6月の「総合治水対策」に関する河川審議会中間答申がすでに出されていたが、治水対策は流域全体の観点から洪水を制御するために河川施設によるハード対策と浸水域などのハザードマップの

公表、防災・避難対策などのソフト対策の二つの施策へと大きく転換している。激化する豪雨災害からハードな技術だけで解決できることには限界があることを知らされ、今後、ソフト面の施策を重視し「減災の日常化」の視点を定着することがますます重要となる。治水は100年の計といわれるが、今日、地球温暖化のもと異常気象による新たな適応策に直面している。

● **参考文献・引用文献**
1) 大石慎三郎：江戸時代、中公新書、pp.60-61、1995年
2) 国土交通省信濃川河川工事事務所ホームページ：
3) 国土交通省信濃川河川工事事務所：資料パンフレット
4) 田中角栄：日本列島改造論、日刊工業新聞社、1972年
5) 高橋 裕：国土の変貌と水害、岩波新書、1971年
6) 東京都建設局：東京の中小河川、1972年1月
7) 東京都建設局河川部：'85東京の中小河川、1985年1月
8) 東京都建設局河川部：東京の心のふるさと神田川、1975年3月
9) 東京都建設局河川部：神田川水害国家賠償請求事件訴訟記録（その1）、1982年
10) 東京都建設局河川部：神田川水害国家賠償請求事件訴訟記録（その2）、1982年
11) ウィキペディア：大東水害訴訟
12) 三上武彦：都市型集中豪雨はなぜ起こる？、技術評論社、1982年

3 地震津波と河川 ―2011.3.11の調査から―

　2011（平成23）年3月11日午後14時46分、太平洋三陸沖に発生した海溝型の巨大地震（M9.0）は、1000年に一度という確率で起きていることがわかってきた[1]。これに伴う巨大津波が発生し、青森、岩手、宮城、福島、茨城および千葉を中心として太平洋岸で死者・行方不明者計約2万人近い人命を奪った。この地震は津波地震[2]と呼ばれ、港湾・海岸堤防・漁港・河川・水門・道路・鉄道・上下水道施設などの社会基盤や公共施設および工場、エネルギー・情報などのライフライン関連施設、住宅・田畑などの生産および生活基盤に甚大な被害を与えた。内閣府の発表では原発災害を除いて、総被害額16.9兆円である[3]。また、東京電力福島第一原子力発電所の地震・津波による直接的な破壊は、格納容器などの損壊に伴い放射能汚染を引き起こし、過酷災害となった。放射能汚染は、大気、水質、土壌、生物とその土地および公共水域である河川・海域への深刻な汚染をもたらした。特に、福島の被災者は地震・津波と放射能汚染により、多重的な被害を受け、未だ全国各地に15万人が避難生活を余儀なくされている。これは緊急かつ長期的で賢明な対策が求められている。しかし、3年後の2014（平成26）年3月11日現在、安定した生活は望めず、社会基盤の復旧・復興事業も未だ軌道に乗っていない事態にあるといえる。

　著者は、土木学会水工学委員会の東日本大震災調査団として、茨城県、岩手県および宮城県の海岸・河口・河川施設の被害状況の現地調査に加わり、その実態の一部を知ることができた。この調査では、①河川堤防の被災（津波遡上，氾濫による）、②漂流物による河川構造物被害、③津波による家屋流失の水工学的検討（防潮林などの植生の減災効果含む）を主題とした調査を実施した。調査結果の速報値[4]は土木学会水工学委

写真3-1 地震の影響で遡上する津波:茨城県那珂川・ひたちなか市
(2011年3月11日)(写真提供:時事通信社)

員会のホームページに詳細が掲載されている。写真3-1は、地震の影響で遡上する茨城県那珂川の津波である。

　3.11巨大地震による被害は、従来の地震被害の規模や内容を遙かに越え、複合的でかつ広域的に長期にわたる甚大なものとなった。学会の現地調査は、東北大学、茨城大学などでは大学の建物、研究室などが直接被害を受けたことから、被災直後は即応的な調査は厳しく、全国の大学が連携し、協力体制のもとで実施された。

◆ 岩手県の津波高と河川遡上

　津波の調査は、国土交通省港湾空港技術研究所、国土地理院、東大地震研究所、東北地方太平洋沖地震津波合同調査グループ(土木学会海岸工学委員会・地球惑星連合)、および土木学会水工学委員会などが直ちに現地に入っている。図3-1は、青森から千葉までの太平洋沿岸の主な河口・湾口内の施設などでの津波高さである。最大の津波高は岩手県陸前高田市で15.8mを記録している。図3-1に示すように河口や港湾内の津波

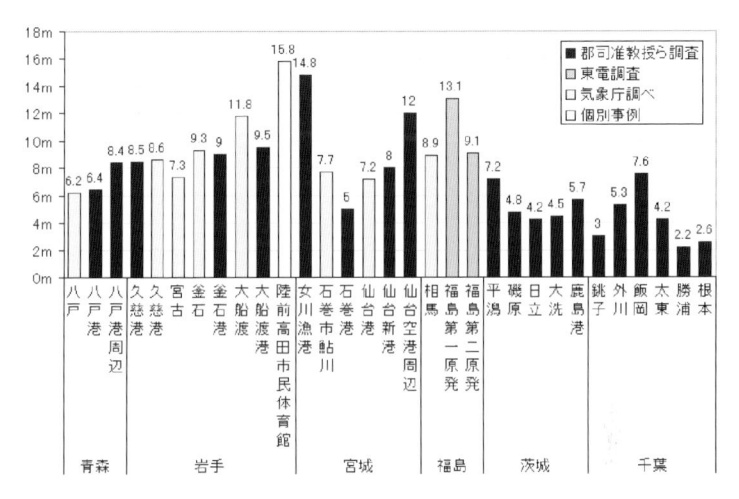

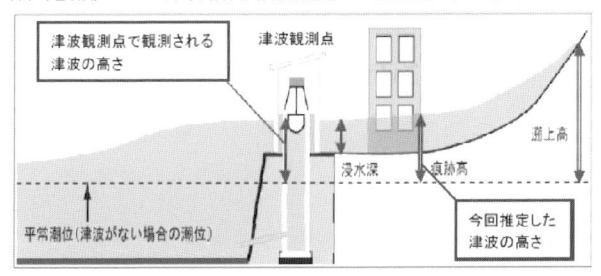

図3-1 東日本大震災で確認された津波の高さ

観測点で観測されたデータは津波がない場合の平常潮位を基準にし、現地の建物などの津波痕跡を調査している結果である。津波は陸上をそのまま駆け上がるため、地形上より高い場所まで津波が遡上した地点と区別し、その場合は遡上高としている。また、建物の痕跡だけの場合は地上からは浸水深、平常潮位からの高さは痕跡高としている。

一方、河川の津波遡上は、陸地を伝播する津波に比べ、上流まで波エネルギーを維持して伝播する。そのため、津波が上流部まで遡上し、河川堤防や各種河川管理施設は大きな被災を受けた。岩手県宮古市の閉伊川左岸堤防を乗り越えた大津波は、国民に深い脅威を与えた忘れられない瞬間の映像である（**写真3-2**)。その他の河川でも津波が河川堤防を越

**写真3-2　岩手県宮古市の閉伊川左岸堤防を乗り越えた大津波
（2011年3月11日）（写真提供：岩手県宮古市）**

流し、沿岸部から離れた地域にまで到達するケースもいくつか見られた。遡上調査は、水門、海岸堤防（防護林を含む）、河川護岸、堰堤、道路・鉄道などの橋梁および河川内樹林などの損壊・倒伏状況を測量機器や目視で調査し、同時に河道の高水敷、堤防表のり面などの津波痕跡調査を行っている。津波の遡上最遠点までの把握は、河川管理のための最上流の水位観測所の水位データと痕跡調査による記録を参考に推定している。

遡上調査による特徴的な被害事例の一部を、以下に写真で紹介する。

写真3-3と**写真3-4**は、岩手県摂待川河口から約0.3km上流にあった水門堰堤（高さ14.5m、幅195m、鋼製水門ゲート長$L = 75$m）の被害である。津波により水門ゲートは完全に破壊され、一つのゲートは445m上流で発見、もう一つのゲートは823m上流に打ち上げられていた。また、消波ブロックは河口から646m上流まで散乱している。周辺の山腹斜面は津波に表面が剥ぎ取られた岩盤が露出している。高潮水門ゲートより海側の海浜付近の水産加工施設は壊滅していた。津波の流体力の凄まじい爪跡である。破堤した高潮水門ゲートの状況からも、津波の河川遡上が浸水域の拡大に大きな影響を与える。そのため、海岸・河口のみならず河口部から上流の河川区間においても、今後十分な津波防災を進める必要があるといえる。

3 地震津波と河川 —2011.3.11の調査から—　　81

写真3-3　岩手県摂待川河口から上流を望む（高潮水門ゲートは破壊され跡形もない。津波高28m：岩手県河川課）（写真：著者撮影）

写真3-4　岩手県摂待川。高潮水門ゲートと消波ブロックが陸地に散乱する（写真：著者撮影）

　写真3-5は、摂待川河口から約1〜1.2km上流の河道内樹林である。樹林の枝には漂流したビニールゴミの付着物があり、その痕跡から、津波の高さは、河川敷で8m、堤防天端より6mであったと推定される。このため、背後地の農地は2km上流まで漂流物と海水の塩分による汚染を受けている。
　写真3-6は、岩手県織笠川の河口から700m上流の海岸線より山地を走

写真3-5　岩手県摂待川の河道内樹林に漂流した
ビニールゴミの付着物（写真：著者撮影）

写真3-6　岩手県織笠川（津波に運ばれた橋桁と漁船）
（写真：著者撮影）

る山田道路である。高架橋下のRC桁橋は津波により落橋して、約150m上流に移動し、漁船もその上に打ち上げられている。比較的小規模な河川でも、リアス式海岸線に向かって谷筋地形を形成する河川とその周辺低地を津波は氾濫しながら遡上したものと考えられる。

　写真3-7は、閉伊川の河口から800m上流に架かるJR山田線の鉄橋である。橋桁が6径間にわたって落橋している。また、鉄橋下流に近い宮古橋は上流側欄干の破損が著しい。落橋の原因を考察すると、橋台部など

写真3-7　閉伊川ＪＲ山田線鉄道橋6径間の落橋
（岩手県宮古市）（写真：著者撮影）

　コンクリート部分には損壊・ひび割れなど確認できないため、地震動よりは、津波遡上による横方向の直接的な流体力と浮力が作用したものと考えられる。宮古橋欄干の破損については、上流側に被害が大きく転倒していることから、引き波による大型の漂流物との衝突が考えられる。
　写真3-8は、岩手県久慈川河口より上流左岸800m付近の家屋である。家屋の壁には浸水深 $H=90 \sim 110 cm$ の津波氾濫の痕跡がある。河口より

写真3-8　津波の痕跡　家屋の壁の氾濫痕跡 $H=90cm$
（岩手県久慈市）（写真：著者撮影）

900m地点では浸水深$H=50$cmであった。地先住民によると河口より1km地点では堤防からの津波の越流はないが、堤内地の小水路の排水水門からの津波の侵入が原因であることがわかった。

写真3-9は、久慈川河口から左岸約2.1km付近の堤防である。久慈川の川崎大橋上流200m左岸の表のりは、津波の遡上により海水による影響で植物が枯れていることが認められる。この痕跡ラインは堤防天端から$H=90$cmであり、津波の到達した痕跡を示している。また、河口より2.4km久慈橋下流50m右岸の堤防にも砂の痕跡があり、水面より$H=3$mの高さである。

写真3-9　久慈川堤防　表のり芝枯れと津波の痕跡
（岩手県久慈市）（写真：著者撮影）

写真3-10は、河口から左岸約4.9km、大成橋下流500m地点の河道である。流木と塵芥の漂流物があり、この流水部は河床勾配が異なり、流れは平瀬の状態に見える。低水路のり面の崩壊・洗掘は見られない。この瀬を越えて漂流物は散見されていない。また、この箇所の上流である大成橋下流400mには低水路護岸のり面下段に砂の痕跡がある。これらの痕跡を総合的に判断し、津波の遡上はこの周辺（河口より4.5km地点）まで到達したと考えられる。

写真3-10　久慈川の津波到達付近、流木とゴミの漂流物
（岩手県久慈市）（写真：著者撮影）

　写真3-11は、1984（昭和59）年3月に完成している譜代海岸の高潮水門である。田老町の高潮堤防T.P.＋10mより高い堤高T.P.＋15.5m、堤長205.0mでも津波はこれを越えていた。陸側の管理用のRC桁橋が損壊されたが、河川敷樹林帯の一部が倒伏しつつも津波遡上を低減している。

写真3-11　岩手県譜代川河口の高潮水門（写真：著者撮影）

　後述することになるが、現在、東北地域の街の復興に向けて、今後巨大化する津波に対して海岸堤防の高さを巡り安全な堤防高さでいかに折り合いをつけるべきか、妥当な堤防高が決められない地域が多い。譜代

水門では構造物と防潮林の二重の備えをセットで意図的に設置したか否かは別にして、譜代川河口の高潮水門はその点からヒントを与えている。

◆ 東北3県の津波と遡上特性

　東北3県の河川の津波遡上の現地調査を分担した東北大学、福島大学、八戸工業大学、前橋工科大学のグループは、岩手・宮城・福島の3県の河川を対象に津波の河川遡上に関する現地調査を行い、津波遡上距離に関する総合的な検討を行った[5]。また、土木学会水工学委員会の調査により、津波が河川堤防などに残した痕跡の位置が記録された[6]。これは、河川内の津波の挙動に関する情報を含んでおり、学術的にも貴重な現地資料といえる。

　河道内には河川管理のため、国土交通省、各県の水位計が数kmおきに設置されている。本来は洪水観測を目的にしているが、津波による水位変動が記録されている。津波のエネルギーを大きく受けた河口部と下流部では、その多くが破壊されて流失したが、上流部では損壊を免れた箇所がある。この記録からも津波の遡上端を把握することが可能である。これらのデータから求めた遡上距離に関して検討を行った結果、河川水位の値と遡上距離の間に経験的な関係式を得ている。これにより、津波の河川遡上距離を簡易的に推定することが可能となった。以下は、取りまとめの中心となった、東北大学田中仁教授らの論文[5]を引用して紹介することとする。

　岩手県、宮城県、福島県の対象河川を図3-2に示す。宮城県は一級河川が多く、岩手県および福島県はいずれも二級河川が多い。岩手県は北上山地，福島県は阿武隈山地に水源を発し、比較的短い距離で急峻な河床勾配を有する点に特徴がある。それに対して、宮城県を流れる河川は平野部を流れ、河床勾配が比較的緩い。また、今回、阿武隈川や北上川のように、堰の影響を受けていると考えられる河川は解析の対象から外している。

　この調査では、痕跡が残された最も上流の地点を、その河川における

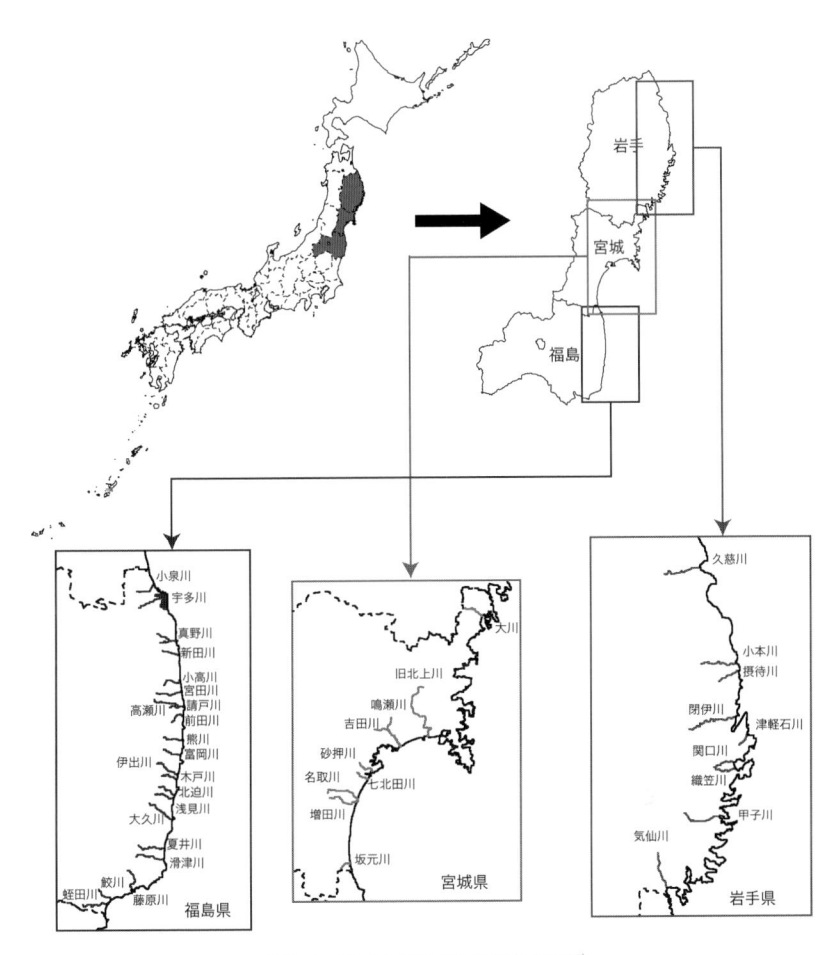

図3-2 東北3県の調査対象河川[5]

　津波の遡上端としている。河口から遡上端までの距離を津波遡上距離として求め、後の考察に使用している。
　津波による水位変動が見られる最も上流の観測所と、それが見られない最も下流の観測所の間に遡上端が存在すると判断できる。便宜的に、その区間を二等分した地点が津波の遡上端であるとして、遡上距離の計算を行っている。
　また、河床高さ・河床勾配については、国や県の河川管理者から資料

提供を受けている。解析には、河口から遡上端までの区間における河床勾配を使用している。事例として、図3-3に鳴瀬川の河床高さを示している。図のように、河口から遡上端までの河床高さを最小二乗法により一次関数として近似し、その傾きを河床勾配として求めている。

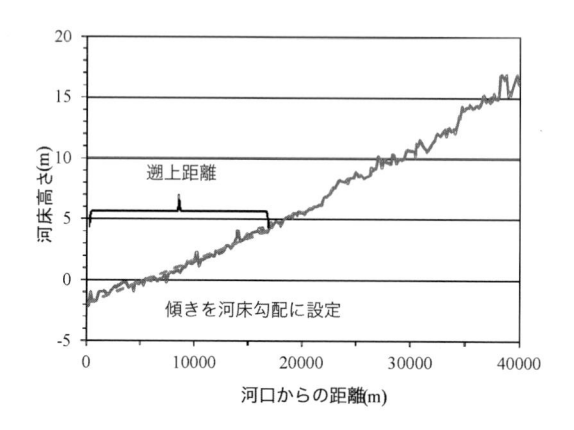

図3-3 鳴瀬川の河床高さ[5]

今回得られた遡上距離x_pの全データを図3-4に示している。同時に、東北地方太平洋沖地震津波合同調査グループ[7]による津波高Hも示した。このデータは、大学や研究機関、民間企業、行政などから64組織、299名が参加した合同調査グループが行った現地調査に基づいたものであり、津波高さは津波の遡上高および浸水高を示している。このデータから、津波が東北地方、特に岩手・宮城・福島の3県に集中していることがわかる。

津波の遡上距離は津波高さに依存すると考えられるが、同図によれば沿岸部の津波高さの大小と遡上距離の大小との間に明確な関係は見られない。例えば、津波高さの最大値は、岩手県大船渡市綾里湾で記録された40.1mである。岩手県から宮城県北部にかけての三陸海岸はリアス式海岸が続いており、これが津波を増大させ、被害を拡大させたと考えられている。しかし、この地域の河川遡上距離は他の地域に比べ大きいとはいえない。

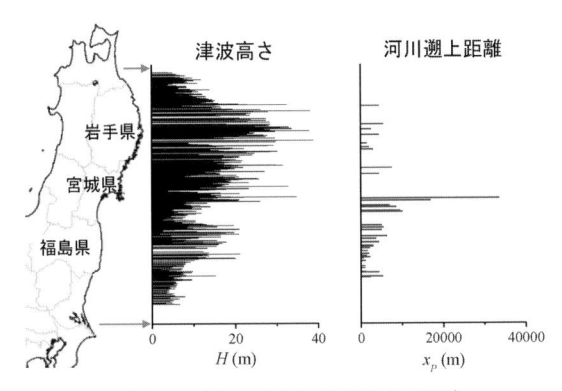

図3-4 津波高さと河川遡上距離[5]

　また、遡上距離が最大となったのは、宮城県石巻湾に注ぐ旧北上川である。鳴瀬川や名取川等この地域の河川は、他の地域に比べ遡上距離が大きくなっている。

　この点をより詳細に検討するために、各河川近傍の津波高さHを求め、x_pとHとの関係について検討している。しかし、遡上距離x_pと津波高さHの間に関係を見出すことができない。宮城県においては、どの河川も津波高さに対して、遡上距離が大きい結果となった。特に、旧北上川は、6.6mという津波高さに対して、遡上距離33.6kmと非常に大きい値を記録している。この理由として、前述したように、宮城県内河川の多くが平野部を流れており河床勾配が緩いことが考えられる。

　また、岩手県の河川は、他県よりも大きな津波高さを記録しているのに対して、遡上距離が宮城県に比べ小さい結果となった。特に摂待川は25.3mと非常に大きい津波高さを記録しているが、その遡上距離は2.5kmと他の河川と比べても小さい。

　以上から、遡上距離が津波高さのみを単純に反映しているわけではないことがわかる。そこで、茅根・田中らの従来の研究[8]から重要なファクターである河床勾配に着目して、さらに津波の遡上距離の特性に関する検討を行っている。遡上距離x_pと河床勾配Sとの関係をプロットし、図3-5に示している。この検討では、河床勾配Sとしては、河口から遡上端までの平均河床勾配を用いている。図3-5の左から順に宮城県、岩手県、

福島県の順にプロットされ、各県の河床勾配の相違が津波遡上距離の相違を生んでいることがわかる。ただし、3県のデータはほぼ一つの線上に並んで位置しており、二つの間には良好な相関関係が認められるといえる。3県の遡上距離の値に最小二乗法を当てはめ、図3-5の経験式（4）を得ている。

$$x_p = 48.4 S^{-0.71} \tag{3.1}$$

ここで、x_p：遡上距離（m）、S：河床勾配

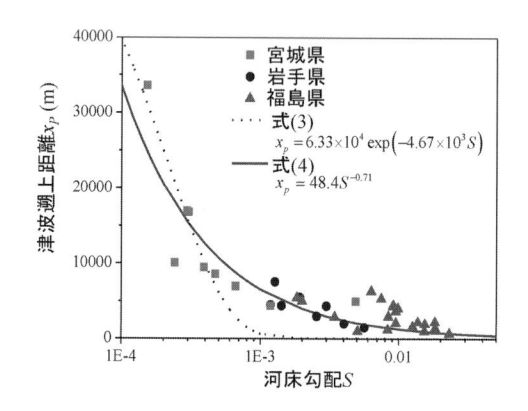

図3-5　遡上距離と河床勾配の関係[5]

◆ 防潮林の役割と被害

（1）防潮林調査

　防潮林の名称については、海岸管理を行っている地方自治体では海岸保全施設整備事業（岩手県）の海岸堤防、水門などとともに整備指定されて「海岸防災林」と呼ばれている。また、整備指定されていない樹林帯は単に「海岸林」と呼ばれている。ここではこれらを一括して、以降「防潮林」と呼ぶこととする。

　防潮林の役割は、津波、高潮、侵食などから陸域（海岸線）を保全する機能を有し、国土の保全を図ることにある。また、環境としての機能や景観・リクリエーション機能としても保全の対象となっている。

今回の現地調査を通して、防潮林の破断・倒伏被害も甚大なことがわかった。防潮林の管理がどのようになされているのか、岩手県[9]と宮城県[10]の「3.11巨大津波」前の行政資料から、市町村別に、計画津波高、堤防の現況天端高、海岸防災林の規模（延長）、浸水高／遡上高などの調査を行った。なお、浸水高は気象庁の「平成23年度地震火山月報（防災編）」を、遡上高は地震津波に対する専門調査グループ調べ[11]と、毎日新聞（2011年4月15日、24日）、東京新聞（2011年7月3日）、および郡司准教授（東大地震研究所）の毎日新聞（2011年3月25日）の記事を参照している。防潮林の存在する海岸名のうち測定値のない海岸は、近傍の上記の公表されている浸水高、遡上高（推定値）とした。これらの資料をもとに作成した一覧を**表3-1**および**表3-2**に示す。

注釈：この調査では岩手県の海岸の整備箇所整理表（平面図付）から読み取っている。この調査の目的から、防潮林ないし防潮林と見なされる保安林などの海岸林を対象として、農水省事業の「海岸防災林施設」もこれに含まれている。また、この指定区域に重複や隣接する堤防・水門等を「海岸保全施設整備」の欄に併記している。堤防・護岸などのある箇所の計画高、現況高を津波と侵食に分けて記載している。

表3-1 岩手県・海岸保全基本計画と防潮林（岩手県資料に加筆）

岩手県	海岸線700km	護岸水準 津波		侵食		海岸保全施設整備			東日本大震災
市町村	海岸名	計画津波高	現況天端高	計画高	現況天端高	堤防／水門	海岸防災林施設	海岸林	浸水高／遡上高
洋野町	鹿糠地区	(T.P＋12.0m)			T.P＋7.3m		100m		5～9m
久慈市	麦生地区			T.P＋6.0m	T.P＋6.0m		500m		
久慈市	漁港海岸	T.P＋8.0m	T.P＋8.0m	T.P＋4.3m		護岸570m／沖合450m		800m	8.6m/13.4m
野田村	野田海岸	(T.P＋12.0m)	T.P＋7.8m	T.P＋10.3m	T.P＋10.3m	堤防1,100m／水門	1,300m		10m以上（推定）／16.9～19.0m
野田村	土内地区			T.P＋5.9m	T.P＋5.9m		150m		
野田村	下村地区			T.P＋5.9m	T.P＋5.9m		100m		
野田村	浜山地区			T.P＋5.2m	T.P＋5.2m		150m		
大槌町	波板地区			T.P＋8.35m	T.P＋4.5m		500m		
大船渡市	本郷地区				T.P＋2.2m		350m		9.5～10.8／31.9m（推定）
大船渡市	赤崎地区				T.P＋2.50m		250m		9.5～11.8／31.9m（推定）
大船渡市	赤土倉地区				T.P＋5.63m		300m		9.5m／31.9m（推定）
陸前高田市	高田松原海岸	T.P＋5.5m	T.P＋5.5m				1,700m（指定なし）		15.8m／21.5m
陸前高田市	沼田地区				T.P＋2.60m		100m		15.8m／21.5m（推定）
計							5,500m	800m (0.9%)	

3　地震津波と河川 －2011.3.11 の調査から－

表3-2　宮城県・海岸の概要と防潮林（宮城県資料に加筆）

宮城県	海岸線828km	津波・高潮		侵食		海岸保全施設整備			東日本大震災	
市町村	海岸名	計画津波高	現況天端高	計画	現況天端高	堤防/水門	海岸防災林	海岸林	浸水高/遡上高	
気仙沼市	稲村浜海岸	なし	なし	T.P+4.5m	T.P+4.5m	護岸・消波堤		環境・森林	3.7～4.1m/20.6m	
気仙沼市	十八鳴浜海岸	なし	なし	T.P+4.5m				環境・唐松	/20.6m	
歌津町	泊漁港海岸	T.P+4.62m	T.P+4.62m			胸壁		環境・黒松	/15.9m	
河北町	横須賀海岸	T.P+4.5m				堤防・リーフ	環境・植生	保安林	/15.9m	
女川町	塚浜漁港海岸	T.P+2.9m				胸壁・陸閘	鳴り砂		8.6m/15.6m	
牡鹿町	三陸南沿岸	T.P+4.5m				堤防・離岸堤	環境			

宮城県	海岸線828km	高潮		侵食		海岸保全施設整備			東日本大震災	
市町村	海岸名	計画高	現況天端高	計画	現況天端高	堤防/水門等	海岸防災林	海岸林	浸水高/遡上高	
松島町	松島湾・松島	T.P+3.12m	T.P+3.12m			堤防・護岸	環境	背後森林		
多賀城市	松島湾・七ヶ浜	T.P+5.0m	T.P+5.0m			堤防・護岸	環境	2,000m		
塩竃市	松島湾・鳥嶼	T.P+3.5m	T.P+3.5m			堤防・突堤	環境	背後森林	4.1m（塩釜港）	
東松島市	矢本海岸	T.P+6.2m	T.P+6.2m			堤防・護岸	環境	10,000m		
牡鹿町	牡鹿半島	T.P+4.55m	T.P+4.55m			堤防・護岸	環境	背後森林		
牡鹿町	牡鹿・鳥嶼	T.P+6.2m	T.P+6.2m			堤防・護岸	環境	背後森林		
仙台市	仙台ゾーン	T.P+6.2m	T.P+6.2m			堤防・離岸堤	環境	10,000m		
名取市	名取・岩沼ゾーン	T.P+7.2m	T.P+7.2m			堤防・離岸堤	環境	15,000m	5.6m～7.2m（仙台空港）	
岩沼市	名取・岩沼ゾーン	T.P+7.2m	T.P+7.2m			堤防・離岸堤	環境	上に含む	5.6m～7.2m（推定）/12.0m	
亘理町	亘理・山元ゾーン	T.P+6.2m	T.P+6.2m			堤防・離岸堤	環境	17,000m		
山元町	亘理・山元ゾーン	T.P+6.2m	T.P+6.2m			堤防・離岸堤	環境	上に含む		
計								54,000m（6.5%）		

(a) 岩手県

　岩手県は海岸線延長が約700kmであり、そのうち海岸防災林は3.8km、海岸林2.5kmの合計6.3kmである。海岸線延長に対して約0.9%となっている。リアス式海岸線のため海浜が少なく、防潮林は海岸線延長に比べ少ない（図3-6）。

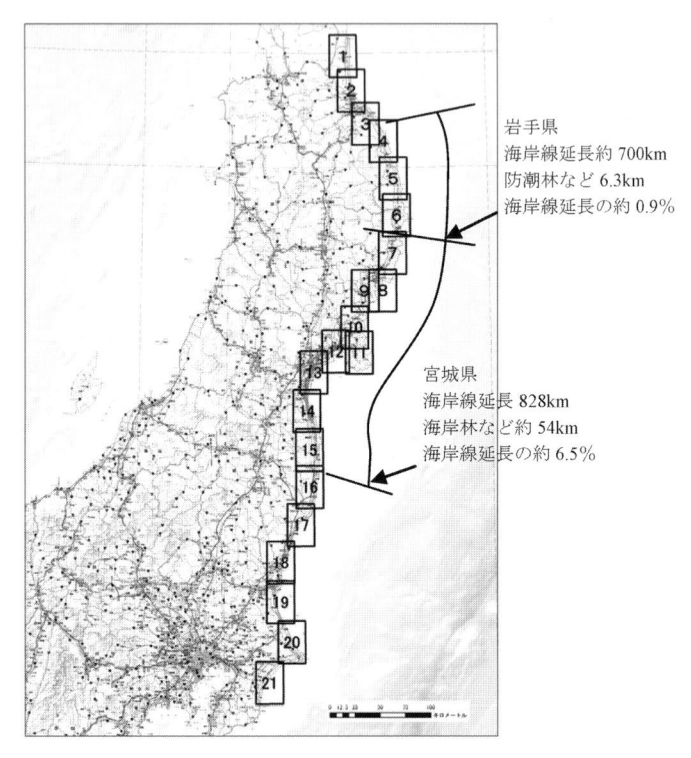

図3-6　防潮林調査（国土地理院の図に加筆）

岩手県
海岸線延長約 700km
防潮林など 6.3km
海岸線延長の約 0.9%

宮城県
海岸線延長 828km
海岸林など約 54km
海岸線延長の約 6.5%

　計画津波高に対する3.11巨大津波は、久慈市漁港では、計画・現況ともT.P＋8.0mに対して浸水深8.6m、遡上高13.4mである。延長800mの防潮林はほぼ破断・倒壊し、線状に100m程度残存していたが、その背後地の人家の被害は海岸堤防付近を除いて比較的少ない（写真3-12、写真3-13）。野田村・野田海岸は、計画津波高T.P＋12.0m、現況T.P＋7.8mに対して浸水深10m以上（推定）、遡上高16.9〜19.0m。ただし、侵

写真3-12　2010年8月の河口（写真提供：久慈市役所）

写真3-13　岩手県久慈川河口防潮堤左岸から上流を望む。
矢印は津波の進入方向（写真：著者撮影）

食の計画・現況ともT.P＋10.3mである。野田海岸1,300mの防潮林（黒松）は、海岸堤防の損壊とともにほぼ全滅的な破断・倒伏である（**写真3-14**）。

　海岸防災林の指定はない高田松原海岸は、津波計画高・現況ともT.P＋5.5mに対して浸水深15.8m、遡上高21.5mであり、浸水深は地盤標高を考慮すると計画高に対して2.4倍以上の津波に襲われたことになる。防潮林1,700mのうち残存した一本松は復興のシンボルとなった。その他の防潮林は計画津波高ではなく侵食に対する計画・現況となっている。現況高は、大槌町波板地区T.P＋4.5m、大船渡市本郷地区T.P＋2.2mに対

写真3-14　岩手県野田海岸・防潮堤・防潮林帯の損壊
（2011年4月26日、著者撮影）
長さ1,300mの防潮林（黒松）、幅：約100m、計画津波高：T.P＋12.0m、現況：T.P＋7.8m、侵食の計画・現況：T.P＋10.3m、浸水深：10m以上（推定）、遡上高：16.9〜19.0m

して、それぞれ陸上の浸水深9.5〜10.8m、遡上高31.9m（推定）である。浸水深は地盤高を含まないため、地盤標高を考慮するとそれぞれ現況高の約2倍、6倍の津波が襲ったことになる。

(b)　宮城県

　宮城県の海岸線延長は約828kmであり、樹林帯のすべては海岸防災林の位置づけはなく環境や背後地の森林の位置づけとなっているため、すべて海岸林として集計すると、合計約54kmである。宮城県では海岸は三陸南沿岸と仙台湾沿岸に区分され、特に、後者は宮城地域、仙台南地域の各海岸線をそれぞれ三つのゾーンに区分している。また、前者のリアス式海岸の三陸南沿岸は、気仙沼市稲村浜海岸から女川町塚浜漁港海岸にかけて海岸林は明確ではなく、背後地森林となっている。したがって、防潮林としては算定していない。防潮林（樹林帯）は海岸線総延長に対して約6.5％となっている（図3-6参照）。

　また、岩手県から続く三陸南ゾーンの堤防高は津波・高潮・侵食の計画があるのに対して、松島湾から仙台ゾーン、名取・岩沼ゾーン、亘理・山元ゾーンにかけては津波の計画高はなく、高潮・侵食に対する計画になっている。一方、浸水深が調査でわかり、地盤標高がわかれば平常潮

位からの高さや、堤防天端高（T.P）と比較し、津波が堤防施設をどの程度越えたのか推定できる。塩竃市の松島湾・島嶼地区は計画・現況ともT.P＋3.5mで、津波浸水深は4.1m（塩釜港）であったが、松島町湾奥では津波高は小さく被害は相対的に小さい。複雑な地形的な特性といえる。また、仙台ゾーンは計画・現況ともT.P＋6.2mであるが、名取・岩沼ゾーンでは計画・現況ともT.P＋7.2mに対して、津波浸水深は仙台空港では5.6〜7.2m（推定）、津波遡上高12.0mであった。仙台空港は標高[12]が2.2〜4.2m程度であり、浸水深5.6〜7.2mなら堤防を約2.6〜4.2m超えていたことになる。

仙台市若林地区荒浜河岸の海岸林は破断が激しく、貞山堀を挟んで海浜から約50mの位置にある開発された住宅は壊滅的被害である（**写真3-15**）。名取川河口付近の井土浜では海岸林の樹種は黒松であり、海岸か

写真3-15　仙台市若林地区荒浜海岸（3.11津波の前後）
　　　（上：2009年8月、下：2011年4月。Google Earth写真に加筆）

ら離れるに伴い破断は減り、倒伏が多い（写真3-16）。樹幹部の破断箇所は地表面より概ね1～2m付近に見られる。

　松島市の矢本海岸から阿武隈川河口付近まで断続的に約54km続く海岸林は、海岸堤防とともに高潮に対する機能、環境機能の位置づけであり、津波高の計画は存在していない。今後、津波・高潮対策のために、これらの海岸林を含む防潮林機能の新たな位置づけとして検討されることが期待される。

写真3-16　井土浜付近の樹林（黒松）（2011年8月23日、著者撮影）
植生密度：28本（400㎡）、平均目通し高さ：直径34cm、平均樹高：12.1m、植生密度：700本/ha

◆ ハード施設と防潮林との組み合わせ

　筑波大学の斎藤環教授は、東北の被災地での防潮林の植樹が盛んに行われていることに対して、毎日新聞（2013年5月16月、夕刊）の紙面で提案を述べている。「日本では植樹に松が多く植えられているが、沖縄の竹生島のように現地のマングローブを使えば抜けにくく、津波の流速を弱めることができる。3.11の津波では、東北の三陸沿岸の潜在植生のタブの木、シイなどは無事であったが、松林の多くは流された。もっと多様な植生の防潮林を」と題した記事である。さらに、新たに防潮堤を建設する場合は「防潮堤と防潮林の二段構えで考えればよい」との内容であ

る。

　この提案については筆者も同感であり、2011年被災した年に以下に記述したように、そのための実験を行っていた。この「二段構え」であるが、防潮堤や海浜の消波のための構造物と陸側の防潮林の多くは、所管省庁の管理の違いもあり、両者は個別に計画し、構造物をつくることが多い。「二段構え」で検討するためには、所管省庁の枠を超えて、連携した一体的な検討が重要と考え、既往研究のレビューとともに下記のような検討を行った。ここで、防潮林の破壊と津波高の違いに関しては、過去の津波事例を調査された東北大学の首藤伸夫名誉教授の既往研究で明らかにされている[13),14)]。これらの研究を参考に、東日本大震災後の現地調査と水理実験により、次のようなことが新たにわかった。

　防潮林をハードな海岸保全施設と連結したものと位置づけ、防潮林の損壊を軽減し、加えて陸域への浸水を軽減することを目的に、海浜に消波工を設置し、津波（段波）による防潮林の樹林帯内・外の流体の挙動を水理実験によって検討した。例えば、ほぼ平坦な海岸では、海浜の渚周辺に設置される消波工と防潮林との距離には、津波の流体力を最も低減させることができる間隔があることがわかった[15)]。また、松林の破壊、破断の瞬間的な状態や箇所も、この実験でわかってきた。

（1）消波工による津波の低減効果

　防潮林の沖には、一般的にリーフ、防潮堤、消波工（消波ブロックなど）が設置されている。これらは海岸線より沖側の水中や渚に設置されている。防潮林は、井土浜海岸の樹林帯（幅50m、樹高10m程度）を想定した。津波は海浜から陸域に駆け上がった状態を想定している。実験は、長さ1,500cm、幅56cmの水平のコンクリート水路に、縮尺1/50の木製円柱の防潮林模型を設置した（図3-7）。防潮林模型（直径6mm、樹高200mm、千鳥状に配置）は13mm高い場所に設置し、樹林帯幅1,000mmに樹林前面から背後まで津波水位、水圧、水平波圧を4カ所（測点No.1, 2, 3, 4）で計測している。ここでは、実験施設の条件から波高最大5mの場合を想定し、防潮林の鉛直方向2〜10cm間隔に、各測点ごとに水平波

圧を7カ所で測定した。波高の小さい場合は漸次、防潮林のNo.1～4の陸側に向かって測定箇所を少なくしている。図3-7の平面図および側面図に測定箇所を明示した。水圧測定のセンサーは各測点の底面に設置している。

本実験の消波工は、規模・形状は今後の検討によることとし、まず、消波工なしの樹林だけのケースの実験を踏まえて、消波工の高さを樹林の高さの4割の高さに設定した。この根拠は、樹高20cmのモデルで予備実験を行い、水平波力が最大に近い高さを事前に検討し、消波工の高さとしている。次に、消波工の素材と形状は、高さ80mmの蛇籠（6段重ね固定）を三角形断面に積み上げた透過型、不透過型の消波工としている。これを樹林帯前面より海岸線側に距離Lを変化させて実験を行っている（図3-7参照）。

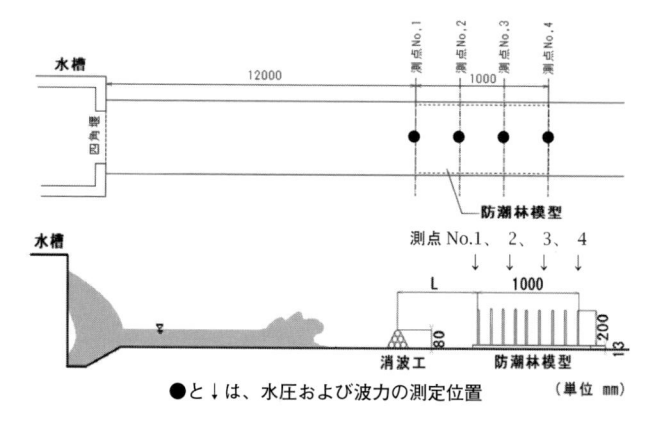

図3-7　津波模型実験水路（平面図・側面図）

図3-8には、消波工と防潮林との間隔Lに伴う測点No.1における水平波力の変化を示した。水平波力は、透過型は50m地点で1,195Pa、不透過型は30m地点で1,050Paとなり、それぞれ最小値を示した。透過型より不透過型の方が水平波力は低減することがわかった。これは、不透過型は透過型に比べ反射波が大きくなり、消波工を越える波のエネルギーが小さくなっているものと推定される。しかし、不透過型の$L=100$mでは2,144Paとなり、消波工なしのケースの波圧と同程度で低減効果がないことがわかる。消波工を乗り越えた津波は、慣性力を維持したまま防

潮林に到達していると考えられる。また、間隔Lが短いと、越波した衝撃水圧を受けやすくなると考えられる。以上のことより、消波工と防潮林との間隔Lを長くしても短すぎても水平波力が大きくなり、低減効果を発揮しないことが推察される。防潮林フロントの水平波力を最小にする消波工の位置があることがわかる。

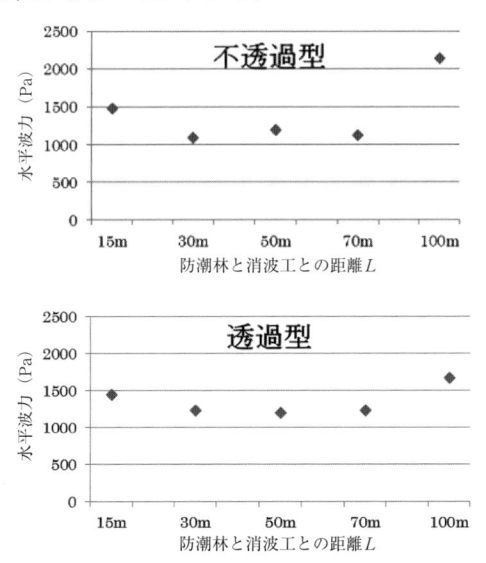

図3-8　消波工と防潮林との距離L（15～100m）で津波により防潮林測点No.1に作用する水平波力N（上は不透過型、下は透過型）

　さらに、防潮林前面の測点No.1から、陸側の樹林端部No.4までの樹林への鉛直方向の水平波力の測定を行った。図3-9は、測点No.1からNo.2までの防潮林の浸水深と鉛直方向の水平波力の関係を示している。水平波力の最大値は、測点No.1、No.2では水深約5cmの箇所で各々最大値1,995Pa、1,696Pa,を示している。浸水深が2cm以下（測点No.1、No.2）から増加し、水深約5cmで最大値を示した以降、水面近くで水平波力は減少する。この要因は、防潮林に突入する最初の津波の水面近傍では砕波による空気の混入、樹林の抗力などの働きによるものと考えられる。なお、この水平波力と浸水深の関係は上に凸の二次曲線の近似式で示される。

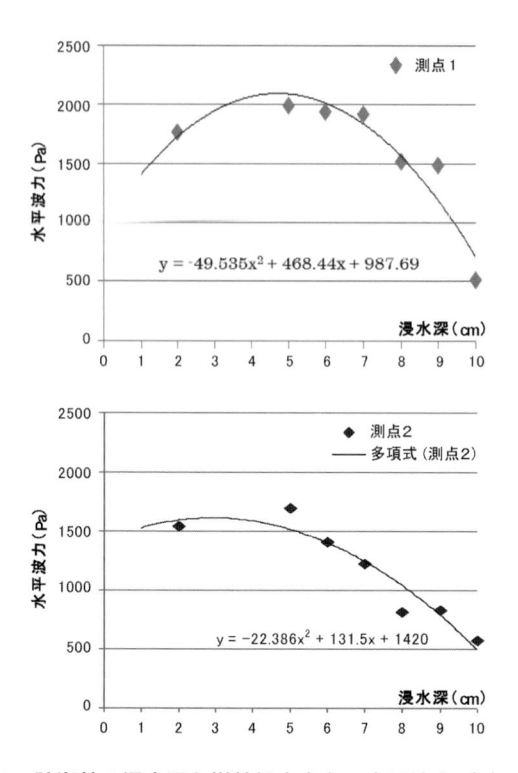

図3-9 防潮林の浸水深と樹林鉛直方向の水平波力（N）の関係

　本研究の現地調査では主に、卒論生小池宏幸君、田谷和樹君、水理実験では吉江悟君の協力で遂行することができたことに感謝したい。

　ところで、防潮堤と防潮林の二段構えで来るべき津波に対処する問題提起に立ち返ってみる。長さ1,300m、幅約100mの岩手県野田浜海岸の防潮林と防潮堤の壊滅的な損壊のように、現況防潮堤T.P＋7.8mを遙かに超えた津波である。仮に、計画津波高T.P＋12.0mの防潮堤が完成していたなら、遡上高16.9〜19.0mまでは至らなかったかもしれない。しかし、そのようなケースでも防潮堤と防潮林の間隔までは考慮されていないと考えられる。今回の現場を見ると、多くの護岸は越波によって護岸の裏のりが損壊を受けた。動水圧により洗掘を受け、コンクリートブロックは外れ、基部までむき出しとなり、堅牢な護岸が転倒している。さらに、倒伏した防潮林の上に重なるように消波ブロックや破損コンク

リート塊が乗りかかっている（**写真3-14参照**）。

　このような現場の状況からは津波外力に対して更に外力に対抗するハードな構造物の必要性が叫ばれがちである。しかし、自然の力に対する追いかけっこでは自然と共生はできない。護岸だけで津波を防ぐことを基本に置けば、景観を損ね、不便な生活を招く。防潮林の管理者と海岸堤防の管理者の連携、地域の視点を大切にした津波対策が期待される。樹林帯によるマウンド化にしても、防潮林によって空間を広げるにしても、土地や生活条件の制約も大きい。なによりもハードな構造物は短時間に造れるが、人の手による防潮林が機能するには、植林し、100年の時は必要になるからである。

◆ 茨城県那珂川・久慈川の津波遡上

（1）　那珂川・涸沼川

　茨城県の那珂川、涸沼川、久慈川の津波遡上と河川施設の被害を見てみる。関東地区の被害は、津波遡上と地震動による被害が重複している。**図3-10**に調査地点を示す。

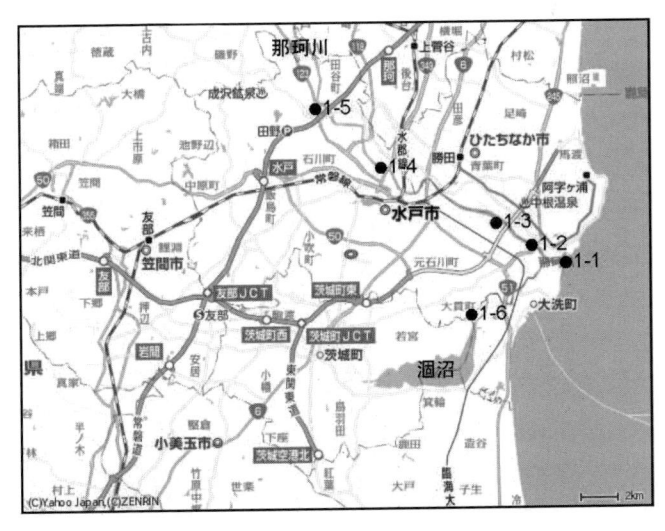

図3-10　那珂川・涸沼川の調査地点

地点1-1は、那珂湊・河口から約0.5kmである。河口部の被害は、那珂湊漁港および水門、臨海部公園の海岸護岸の倒壊をはじめ、敷地内に多数の陥没（最大深さ180cm）があり、アスファルト・インターブロック舗装の陥没や洗掘による被害も多数生じていた。津波高さは海面より3〜4m程度で、周辺の道路面より1m浸水した。河口より200mほど陸地の住宅街まで浸水している。沿岸の家屋の損壊が数件みられる。海門橋の下流右岸には座礁船が各所で見られ、上流左岸では護岸が50mにわたりアバット損壊し、河道の側道舗装の縦断亀裂が多数発生していた。さらに、道路排水ますの陥没もある。海門橋は橋脚上部のひび割れのため通行不能の状態であった。

　河口より1km上流の河川に隣接する道路護岸の崩壊、および低水路護岸やエプロンの崩壊が激しく、長さ400m、幅20mにわたっている（**写真3-17**）。左岸護岸等のコンクリート構造の崩壊原因は、波状に凹凸が激しく崩れていることから、津波ではなく地震によるものと考えられる（**写真3-18**）。河口より1.1kmの湊大橋水位観測所付近は部分的に液状化したところもあり、津波による遡上が重なり、岸壁の亀裂・転倒・沈下が顕著である。この近傍には、那珂川の左岸に支川である新川排水ポンプ施設（国土交通省）があり、排水管ジョイント部が破損している。

　湊大橋観測所における津波遡上は、第1波が3月11日15時40分、T.P.＋

写真3-17　湊大橋下流左岸のエプロンの崩壊（写真：著者撮影）

写真3-18 湊大橋下流左岸の護岸の崩壊（写真：著者撮影）

1.924mとなり、水位上昇に転じた。波高は2.43mであった。第2波のピークは3月11日17時10分、T.P.＋2.044mとなり、津波高さは第1波を越え第2波で最大となっている。以降、3月12日9時40分まで第10波にわたって水面の動揺がみられ、サージング現象が観測されている。津波の波形は段波と重複波に分けられるが、急に多量の水が遡上した際に生じる波は、波状段波の先端部が切り立った状態になり、ソリトン分裂と呼ばれている。各観測所の津波遡上と水位変動については、図3-11に示したとおりである。

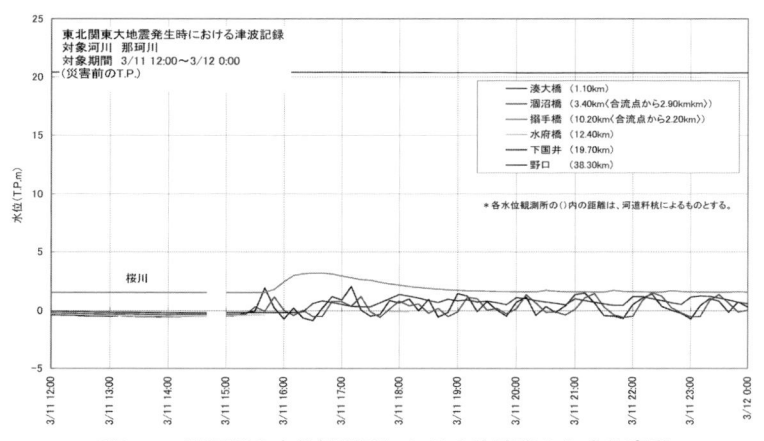

図3-11 那珂川の水位観測所における津波遡上と水位変動

(2) 支川の中丸川の被害

　那珂川河口より上流2.5km（地点1-3）左支川の中丸川は、那珂川に流入する水門付近より上流部の堤防右岸で縦断陥没が見られる。規模は深さ0.8m、長さ100mであり、堤防表のりのコンクリート枠の崩壊および左右岸表のり面のブロック付マットは完全に崩壊している。地震によりブロック付マットが不安定化した後に、津波遡上を受けてマットがロール状に剥ぎ取られている（**写真3-19**）。また、縦断陥没では野生つるバラ・漆などの木根3本（直径5～8cm）が垂直に地下茎となっている。これが楔の働きをして堤防は縦断陥没している（**写真3-20**）。小河川に津

写真3-19　左支川の中丸川堤防のブロック付マットの剥離（写真：著者撮影）

写真3-20　中丸川右岸堤防の縦断陥没と根茎（写真：著者撮影）

波が遡上し、エネルギーが集中し、堤防の被害をもたらしたと考えられる。この両岸の堤内地は水田・畑地・空き地であるが、住宅がせまり、所々で液状化し、噴砂している。

那珂川河口から約12.5km（地点1-4）の水府橋観測所付近では、地震による右岸裏のり小段の小規模な縦断亀裂があり、右岸天端兼用道路のはらみ出し（応急工事済）と思われる箇所がある。また、水府橋の橋台ジョイント部にクラック箇所が認められる。右岸に水府橋水位観測所があるが、3月11日の水位記録が途中で欠測している。

河口から約19.7km（地点1-5）の下国井観測所付近における津波は、3月11日16時20分、T.P.－0.126mとなり、水位上昇に転じて、第1波のピークは16時40分、T.P.＋0.814mを示し、第2波は同日18時00分、T.P.＋1.364mを示した。波高は第2波で最大1.55mであった。その後も3月12日12時10分、T.P.＋0.674mまで18波にわたり、約1時間の周期的な変動が認められる。しかし、水位上昇速度0.014m/minと微小なことや、左岸の河川敷には竹藪があるなど、津波遡上による被害はほとんど見られない。また、地震による河川構造物の損傷も見られなかった。なお、河口近くの湊大橋観測所から下国井観測所まで18.6kmであり、第1波水位ピークのずれ時間で到達速度をみると平均値5.2m/sである。さらに、上流の野口観測所（38.30km地点）には津波は遡上していないことが観測値から確認できる。したがって、津波到達点は、これらの中間に位置しているものと推察される。

一方、涸沼川は那珂川河口より0.5km上流右支川に位置し、一級河川涸沼川・直轄区間・県管理区間がある。河口から約3.4km（地点1-6）に県管理区間との境界になる無名橋があり、前後の右岸裏のり縦断陥没（長さ50m、深さ0.45m）が2ヵ所見られる。表のり天端コンクリート枠の崩落は長さ76m（**写真3-21**）、右岸・左岸の表のりブロック張り側方はらみ出しがあり、右岸天端縦断亀裂は長さ40mに達している。

河口より3.4kmの涸沼橋観測所における津波の到達は、第1波が3月11日15時50分、水位上昇に転じ、T.P.＋1.163mとなり、波高は1.530mとなる。最大ピークは第6波で、3月11日22時20分、T.P.＋1.523mを示し

写真3-21　涸沼川の堤防表のりコンクリート枠の崩落（写真：著者撮影）

ている。この観測所では、3月12日9時40分、T.P.＋1.063mまで16波にわたって水面の揺動がみられる。津波の屈折現象の影響か、あるいは湖沼内のセイシュ（静振）が観測されている。

　那珂川の調査から得られた要点は下記のとおりである。

　那珂川の河川施設の地震・津波被害は、震源より遠い位置にある県内の久慈川より大きいことがわかった。河口部・下流部では地震と津波被害が重複している。特に、本川と支川との接合部は急激な津波遡上によりエネルギーが集中し、護岸やのり面、排水機施設の損壊が見られる。水門管理では津波遡上に対する閉鎖がなされていなかったため、護岸などの損壊につながっている。水門管理の重要性を教訓としなければならない。

　また、中小河川の中丸川の盛土堤防の縦断陥没被害で、維持管理からいえることは、土堤防の構造に影響を与えるような樹林植生の木根茎まで管理する必要がある。さらに、堤防などの河川構造物を強化するハード対策では、本川と中小河川との接続部、道路と堤防護岸との接合部や兼用道路などに被害が見られる。

　那珂川の津波の遡上は、第16波にわたり1時間前後の周期的な水面の変動がみられる。最大ピークは湊大橋観測所では第2波に、支川の涸沼川では第6波に見られた。これは河口の浅いところへ曲がり込む屈折に

より津波が集中したことで、波の数が増加し、波高も大きくなったものと考えられる。また、小規模なセイシュ（静振）とも考えられ、今後、詳細な検討が必要である。

　那珂川の津波遡上は、河口より19.7kmの下国井観測所より上流まで到達しているが、上流の野口観測所38.30km地点までは遡上していない。河口近くの湊大橋観測所から下国井観測所まで18.6kmであり、第1波水位ピークのずれ時間で津波到達速度をみると、平均値5.2m/sである。

(3)　久慈川の津波被害

　久慈川河口から約2km、久慈大橋右岸地点の豊岡第一樋管水門は、津波により鋼製手すりが上流側へ倒壊した（**写真3-22**）。堤防など本体には異常はなかったが、河床に設置された排水導流用の水制ブロックは、津波が運搬した砂礫によって埋没している。河川水位観測所に異常はなく、堤防の溢水は認められないが、豊岡第一樋管水門へ流れる排水支川は、左岸のコンクリート護岸が長さ200mにわたり倒壊している（**写真3-23**）。したがって、支川への津波の遡上で護岸が倒壊し、越流によって堤内地の水田へ氾濫した痕跡が認められる。

　久慈川河口から約6.2kmと7.2kmの地点に、榊橋および榊橋上観測所が設置されている。津波遡上がほぼ同時刻に確認され、3月11日15時50

写真3-22　豊岡第一樋管水門を遡上した津波（写真：著者撮影）
　　　　　矢印は津波の侵入方向

写真3-23　豊岡第一樋管を遡上した津波と支川護岸の崩壊（写真：著者撮影）

分、T.P.＋1.852m、水位上昇が始まり、第1波は17時10分、T.P.＋2.722m、第2波は18時10分、T.P.＋3.042mとなり、その後も3月12日2時40分、T.P.＋0.922mまで12波にわたり、ほぼ1時間の周期で水位の変動が見られる。第1波から第4波にかけて時間とともに上昇し、約3時間後の3月11日19時10分にT.P.＋3.172mと最大となった。最大津波高は、それぞれの箇所で3.15m、2.77mである。さらに、河口より11.60km上流の額田水位観測所では、3月11日17時20分、18時30分、19時30分、波高5〜6cmの3波にわたり、津波遡上が水位記録より確認できる。近くには水郡線

写真3-24　河口より11.60kmの額田水位観測所（写真：著者撮影）
　　　　　矢印は津波の遡上方向

の鉄橋があり、河川施設の損傷は見られない（**写真3-24**）。したがって、久慈川の津波遡上は河口より11.60km程度と考えられる。津波の遡上速度は各観測所のピーク水位のずれ時間で区間距離を除するものとすれば、榊橋と榊橋上（$L = 900$m）では1.5m/s、榊橋と額田観測所の4.3km区間では3.6m/s、榊橋上と額田観測所の5.2km区では2.9m/sとなっている。各観測所の津波遡上と水位変動については、**図3-12**に示したとおりである。

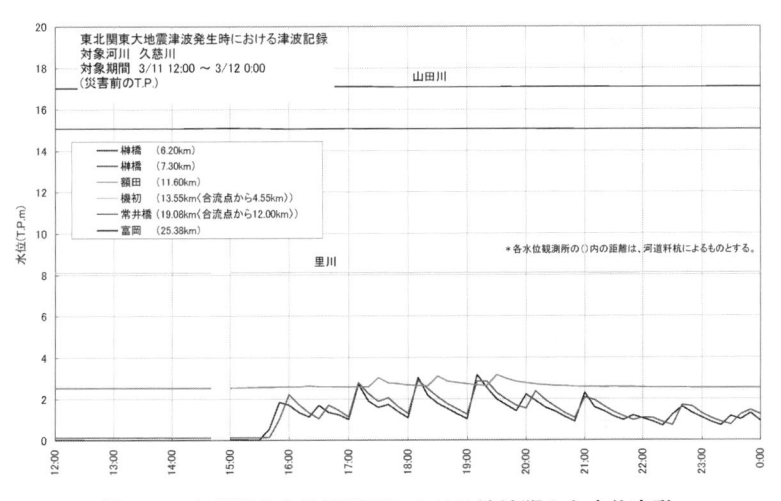

図3-12　久慈川の水位観測所における津波遡上と水位変動

久慈川の調査から得られた要点は下記のとおりである。

　河川敷に竹林などの樹林帯が多く、定期的に適切な維持管理を行う必要性が感じられる。堤防など河川構造物の中小河川との接続部、道路と堤防護岸との兼用道路などについて、きめ細かい維持管理が必要である。那珂川のように盛土堤防の崩壊箇所には植生の根茎や樹木は見られない。また、非常時の水門の閉鎖管理が実施されていないことがわかった。本川につながる中小河川への津波遡上を防止するためには、緊急時における水門閉鎖システムの構築が求められる。

　久慈川の津波遡上は、河川水位観測データと津波痕跡調査から、河口

より11.60km程度と考えられる。さらに、津波遡上は下流の榊橋観測所、上流の額田観測所のデータから、12波にわたりほぼ1時間の周期で水位変動がみられる。津波は、第1波から第4波にかけて時間とともに上昇し、約3時間後の3月11日19時10分にT.P.＋3.172mとなり、最大となった。

津波の遡上速度は、各観測所のピーク水位のずれ時間で区間距離を除するものとすれば、榊橋と額田観測所の4.3km区間では3.6m/s程度となっている。

この那珂川・久慈川調査では、国・県所管で100数十カ所の被害があり、国の緊急対策工事18カ所をできるだけ避けて現地まで行くことになった（**写真3-25**）。この調査は、国土交通省常陸河川国道事務所、ひたちなか市役所、水文環境株式会社の職員の方々の協力のもとで実施された。

写真3-25　支川里川堤防天端の沈下・亀裂（写真：著者撮影）

◆ 東京都心部の3.11津波と予測される巨大地震の津波

（1）荒川・新河岸川・隅田川

隅田川・新河岸川は、図3-13に示したように荒川水系にあり、荒川の河口から約21km上流の岩淵水門で荒川と分離されている。隅田川は、首都東京の中心部を流れる都市河川であり、東日本大震災の津波の影響がどのくらいあったのかを正確に把握しておくことは、今後の地震津波対

策にとって重要と考えられる。荒川、隅田川、新河岸川における3.11津波の遡上とその変化および水位偏差について、観測箇所ごとに検討を試みた。なお、この地震では、沿川の2市7区の震度分布は5強、5弱である。

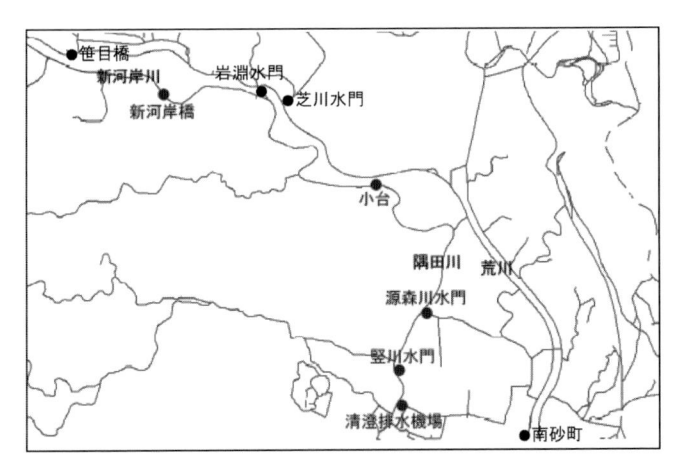

図3-13 荒川・新河岸川・隅田川の調査対象地点

まず、国土交通省、東京都の水位観測データをもとに、津波による水位変動と水位偏差について検討し、水門管理の重要性に関して再認識することになった。3.11の地震により、荒川では、主に高水敷において液状化現象が発生したほか、津波の影響により、通常の水位より0.8mの水位偏差、30分間で最大約1.7mの水位変動が観測されている[16]。

荒川河口0.0kmの南砂町水位観測所、河口から21.0kmの岩淵水門（上）観測所、河口から上流28.5kmの笹目水位観測所における水位観測の結果は、図3-14に示すとおりである。南砂町水位観測所が最大偏差0.8m（地震発生から4時間24分後の19時10分）、最上流の笹目水位観測所の偏差は最大で0.4m、引き波で0.6mであった。さらに、上流まで遡上している。

次に、荒川の岩淵水門より1.0km下流にあり、河口から約19.9kmの芝川水門（埼玉県川口市領家地先、写真3-26）の河川水位（荒川と新芝川）について、地震当日の水門閉鎖による水位観測結果が明らかにされている。図3-15に示すように、水門閉鎖されていなければ、支川の新芝川は

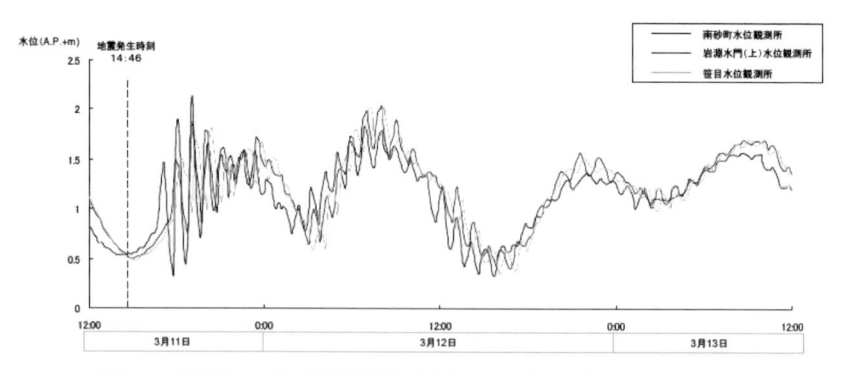

図3-14　荒川における津波変化（出典：国土交通省荒川下流河川事務所）

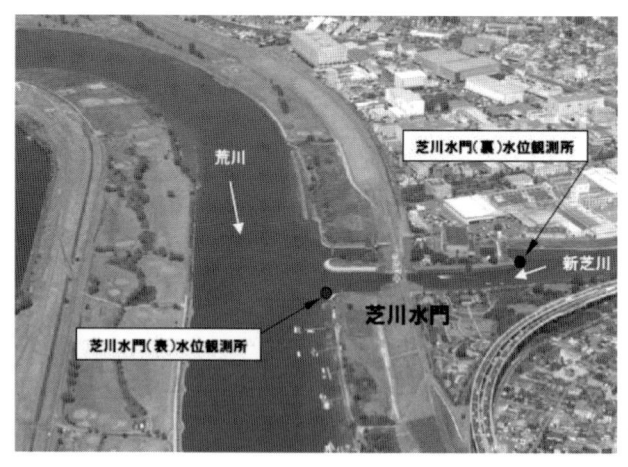

写真3-26　芝川水門の位置、矢印は下流方向（出典：国土交通省荒川下流河川事務所）

地震発生後の5時間後に、10分当り最大1.2mの津波遡上を受けていたことになる。

　一方、隅田川・新河岸川については、図3-13に示したように5地点の津波による水位観測値と水位偏差を推定した。その推定方法（津波を消去した河川水位の推定）には、ニューラルネットワーク（ANN）を使用している。使用したANNは、気象庁の天文潮位、気圧、風向風速を入力し、河川水位を出力するものである。ANNの学習データは計算期間（津波が発生した前後の2011年2月から4月）を除き、2002年1月から2012年

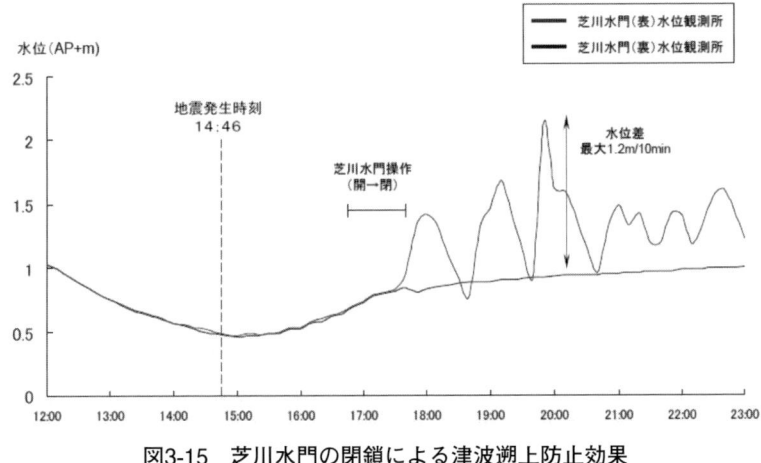

図3-15 芝川水門の閉鎖による津波遡上防止効果
（出典：国土交通省荒川下流河川事務所）

　3月までのデータ値の欠測や降雨の影響のあるものを除外して計算し、学習回数は1,000回行っている。
　ANNによって10分間隔で計算した河川水位（通常の津波がない状態の河川水位）と、2011年3月11〜13日に観測した河川水位は、図3-16に示したとおりである。なお、A.P.表示となっているが、T.P.との関係は、A.P.＋1.134m＝T.P±0.0mである。観測水位とANNによって計算した河川水位の差が水位偏差である。図3-17には5地点の水位偏差を示している。水位偏差の最大値は、下流から上流に、隅田川清澄排水機場1.39m、竪川水門1.31m、源森川水門1.16m、小台0.86m、および新河岸橋0.87mである。隅田川の水位偏差は荒川河口と比べて1.74倍も高い。これは東京湾奥で、かつ狭小の河川幅と直壁護岸などによる反射波の影響を反映しているものと考えられる。
　また、水位偏差で明らかなように、通常の潮位変動を除外してみると、地震津波の三つの応答がはっきりしている。隅田川では、津波遡上の影響について隅田川流域クリーンキャンペーン実行委員会の佐藤氏が3月11日の夜間から翌日以降にかけて、ヘドロを巻き上げた真っ黒な水と、ボラ・コイ・エイの魚の死体を言問橋下で確認している。

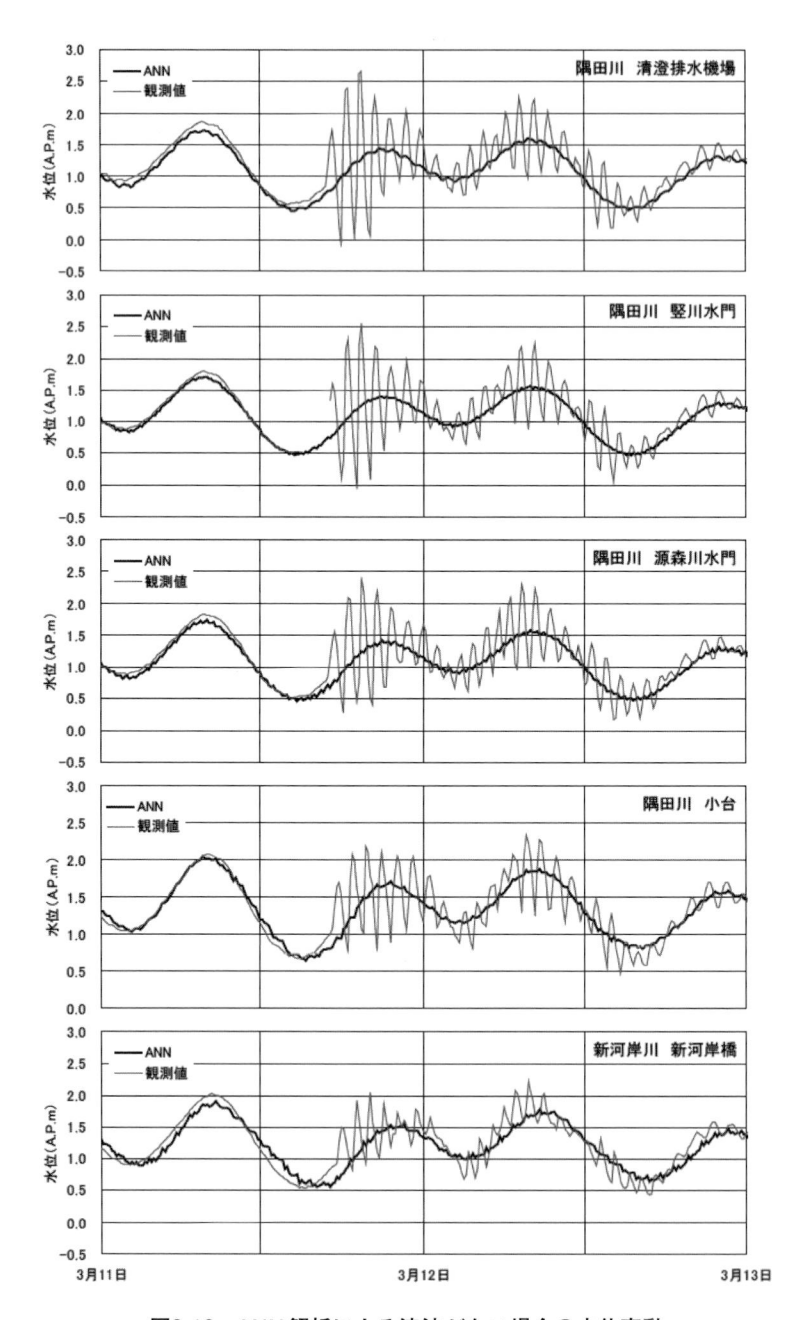

図3-16　ANN解析による津波がない場合の水位変動

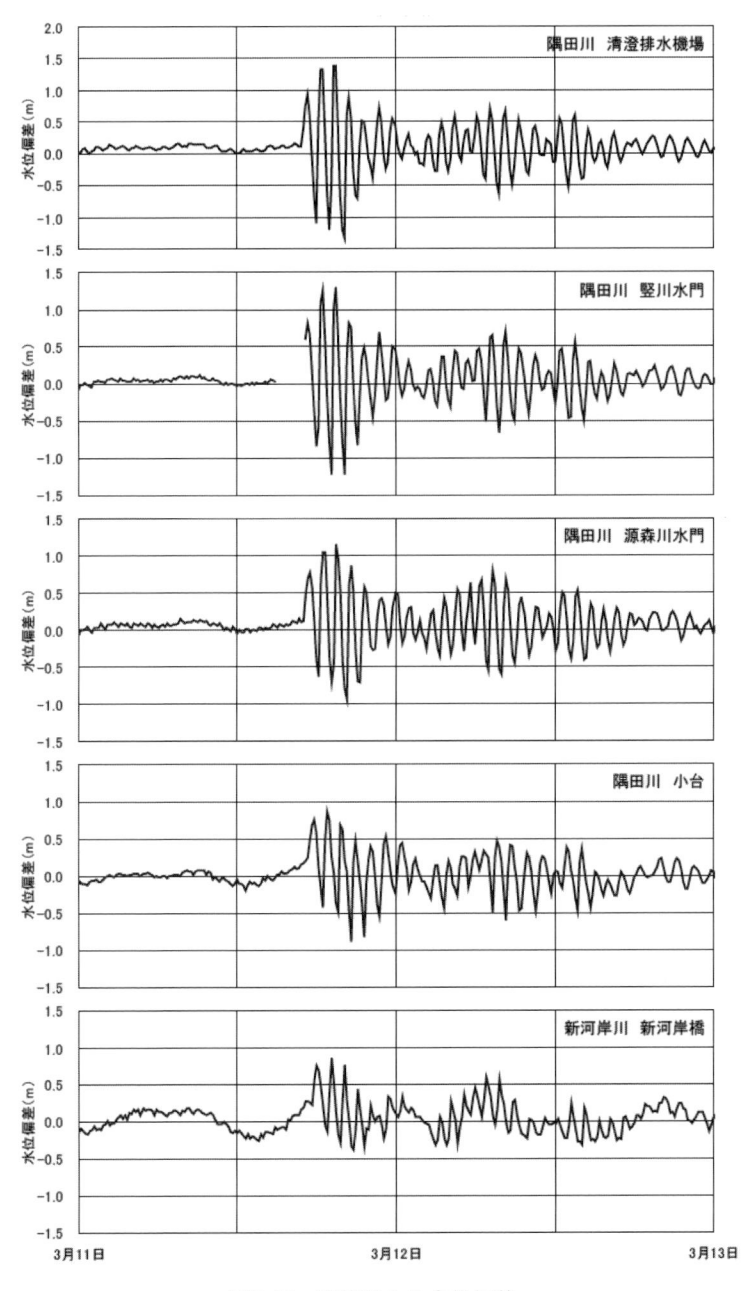

3 地震津波と河川 —2011.3.11 の調査から— *117*

図3-17 津波による水位偏差

(2) 巨大地震津波の神田川・日本橋川への影響

　2011（平成23）年3月11日の東北地方太平洋沖地震（以下、3.11地震と呼ぶ）では、東北地方から関東地方の広範囲にわたって直轄区間および都道府県管理区間の堤防が被災し、水門閉鎖や遠隔操作に支障を来した事例がみられた[17]。東京の東部低地帯には、高潮対策として多くの水門や排水機場が設置されている。これらの施設は、3.11地震に対しては被災しなかったものの、今後、発生が予測されている南海トラフの巨大地震津波に対して、ローカルエリアにおける影響を検討することは有意義であるものと考えている。

　東京都心の河川堤防の護岸高は、洪水や高潮に対する計画に基づき決められている。津波はもともと想定していない。しかしながら、頻度は小さいとはいえ巨大地震に伴う津波の破壊力は脅威であり、近年の地震津波での死者・行方不明者数は、2004（平成16）年のスマトラ島沖地震津波で20万人、2011（平成23）年の東北地方太平洋沖地震津波で約2万人となっている。そして予想される南海トラフ地震では津波で約11.7万人〜約22.4万人の死者が発生する（2013年3月18日、内閣府）といわれていることを直視すれば、レベル1の対策は重要であり、その防御施設の維持管理システムの確立が急務といえる。津波高、浸水域はマクロ的な推計であることから、都道府県の津波予測に対しては、科学的な知見をもとに地域の実情を踏まえ、あらゆる可能性を考慮した上で対象津波を設定し、詳細な検討が望まれている。

　3.11津波による河川水位の上昇は、東京都心を流れる隅田川をはじめ中小河川においても確認され、上記のように、水位偏差は荒川下流域0.8m、隅田川清澄排水機場1.39mと報告されている（図3-17参照）。また、3.11地震の最大津波高（最大観測潮位A.P.＋2.9m）を示す（図3-18）。

　3.11地震以降、巨大地震に伴い発生する津波について再検討が行われてきた。2012（平成24）年4月18日に公表された首都直下地震等による東京の被害想定[18]では、地殻変動を考慮した場合に中央区晴海で2.41mの最大津波高が生じることが示された[19]。南海トラフの巨大地震モデル検討会では、2012年3月31日の第一次報告[19]で東京都区部の最大津波高

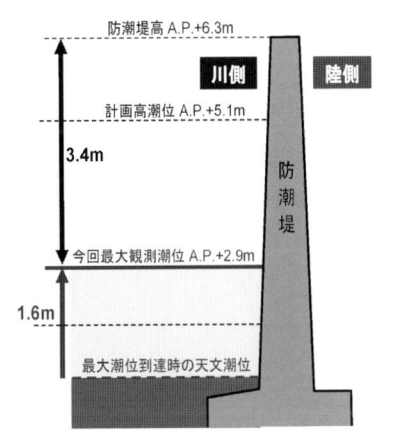

図3-18 2011.3.11地震の最大津波高（東京都建設局：隅田川・亀島川水門）

2.3m、同年8月29日の第二次報告[20]においては3mになることが予測として示されている。第二次報告は第一次報告に比べ津波断層モデルの精度が高く、津波高や浸水域は10mメッシュ単位で微細な地形変化を反映している。東京の中小河川においても、満潮時と巨大地震に伴う津波が重なることで極めて大きな水位が生じる可能性がある。茨城県那珂川の支川中丸川などに見られるように、水門閉鎖ができていないことも考えられる。あるいは水門が地震・津波により損傷を受けて機能しないこともあり得る。都心部では地下空間が高度利用され、かつ、多くの資産や昼間人口が集中しているため、津波氾濫が生じた場合、甚大な被害を生じることが予想される。このため、都心部を流れる多くの中小河川についても、地震津波に対する影響を十分に検討する必要がある。

本研究[21]は首都大学東京の高崎忠勝・客員研究員の協力を受け、データ収集・解析を行うことになった。

この研究では、今後発生が想定される巨大地震に伴う津波（以下、想定津波）に対する中小河川の影響検討の一事例として、都心部を流れる中小河川について検討を行った。神田川の下流域および日本橋川、亀島川について、3.11津波の下流端で観測された水位を入力値とする一次元不定流計算を行い、3.11津波に対する水位変化の再現性を検証している。

次に、想定津波の外力を設定し、この外力に対する河川水位の変化を計算した。なお、これらの計算においては、亀島川の上下流端に設置されている日本橋水門と亀島川水門の状態を「開放」と「閉鎖」の両方について検討している。また、水理計算において、水位が堤防を超えた区間の周辺を対象に氾濫計算を行い、浸水深および浸水範囲を確認することとした。

(a) 3.11津波の再現と対象エリア

検討対象としたのは、図3-19に示すように神田川の下流域および日本橋川、亀島川である。神田川はJR水道橋駅付近で日本橋川と分派し、東方向に流下し、JR浅草橋駅付近で隅田川に注ぐ一級河川である。日本橋川は神田川から分派後、南東方向に流下し、日本橋水門地点で亀島川と分派し、隅田川に注ぐ延長4.8kmの河川である。亀島川は日本橋川から分派後、南方向に流れ隅田川に注ぐ延長1.1kmの河川であり、上下流端にはそれぞれ日本橋水門と亀島川水門がある。これらの水門は通常高潮時に閉鎖され、3.11津波に対しても水門は閉鎖された。しかし、上下流端に水門がある亀島川の堤防天端は、隅田川や日本橋川より低いものとなっている。

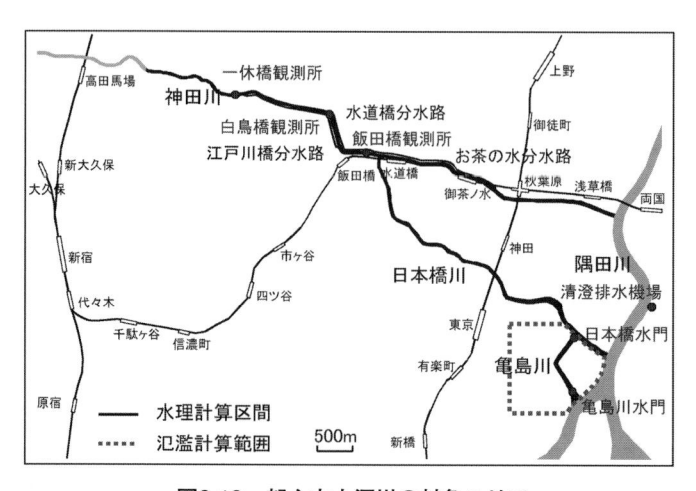

図3-19　都心中小河川の対象エリア

(b) 3.11津波の再現計算と水位偏差

　対象河川の水位変化について、MIKE11（デンマーク水理・環境研究所）を用いて一次元不定流計算により再現計算を行い、対象区間の水理特性を確認する。水理計算の対象区間は、**図3-19**に示したように神田川下流域の8kmおよび日本橋川と亀島川の全延長である。亀島川にある二つの水門は3.11津波到達前に閉鎖されているが、本計算では二つの水門が開いている状態と閉鎖している状態のそれぞれを対象とした。計算に用いた河川断面は、神田川が62断面、日本橋川が43断面、亀島川が12断面の計117断面であり、ほかに江戸橋分水路、水道橋分水路、お茶の水分水路についても断面を入力している。粗度係数は河川計画および流量観測結果[22]をもとに護岸コンクリート部を0.0225とし、護岸矢板部および河床部を0.04にしている。上流端の流量は低水流量観測結果[23]より4 m^3/sとし、神田川、日本橋川、亀島川の各河川の下流端水位は、隅田川の清澄排水機場水位の観測値とした。計算間隔は0.1秒とし、2011（平成23）年3月9日から14日までを計算期間としている。

　地震当日3月11日における3地点の水位を**図3-20**に示す。一休橋地点は津波の影響のある期間が欠測となっているが、潮汐に伴う水位変化を再現できている。飯田橋地点と日本橋水門地点は水位が観測できており、計算期間を通じて最高水位は、飯田橋地点では観測値がA.P.＋2.43mに対して計算値はA.P.＋2.59mであり、観測値と計算値の差は0.16mである。日本橋水門地点では観測値がA.P.＋2.77mに対して計算値はA.P.＋2.64mであり、その差は0.13mである。亀島川の水門が閉鎖している条件で3月11日24時間の計算値と観測値の差をみると、飯田橋地点では平均が－0.08m、標準偏差は0.16m、日本橋水門地点では平均が0.08m、標準偏差は0.11mであり、2地点の再現性に大きな違いはない。また、計算期間を通じて計算値は観測値と同様の変化をしており、計算において設定した条件で津波による河川水位の変化を再現できるものと判断した。

　図3-21は、2011（平成23）年3月10日から13日における隅田川清澄排水機場の3.11津波波形と津波がない場合の推定値（以下、津波除外水位）である。この水位差から3.11津波による水位偏差を把握している（図

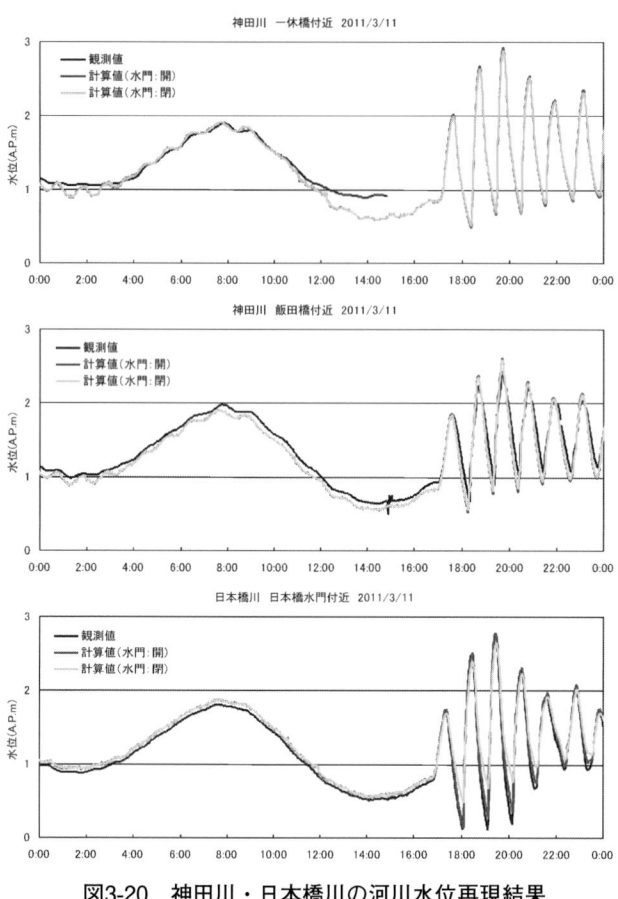

図3-20　神田川・日本橋川の河川水位再現結果

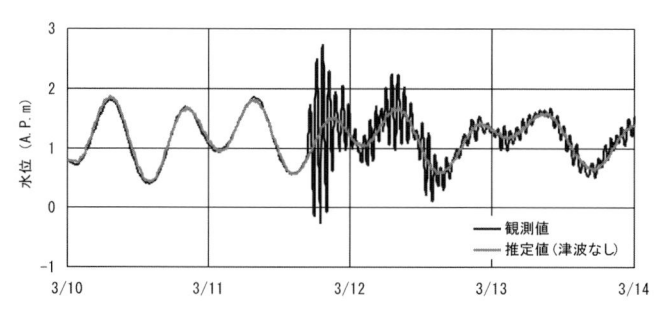

図3-21　隅田川清澄排水機場における3.11観測値（濃色）と津波除外（薄色）水位

3-21)。この解析方法は前述したように、2002（平成14）年から2010（平成22）年の実測データを用いて、バックプロパゲーション法[24]により津波除外水位としている。

　観測値の最大値はA.P.＋2.75mであり、19時23分に発生している。津波除外水位についてみると、3.11地震発生前は観測値と概ね一致しているが、地震到達後しばらくすると津波除外水位（推定値）と3.11観測値との大きな違いを生じる。観測値と津波除外水位の変化から、16時47分に津波が到達したものと判断できる。

　水位偏差は3月11日が特に大きく、水位偏差の最大値1.47mは19時23分に発生している。水位偏差の最大値の発生時刻は観測水位の最大値と同時である。水位偏差は津波到達以降、計算期間末までみられ、3.11津波による水位への影響は数日間に及んでいる。

(c)　南海トラフの巨大地震3mの影響予測

　想定津波に対する河川水位の変化を把握するためには、まず、下流端における想定津波の波形を作成する必要がある。ここでは、南海トラフの巨大地震モデル検討会で示された東京都区部の最大津波高3mを想定する。最大津波高3mは、満潮位T.P.＋0.93m[25]および沈下量を含んでおり、この検討の対象地域における沈下量は0～0.1m[26]とされている。本検討では、下流端水位波形を次の手順で作成した。

　対象地域における沈下量を一律0.1mとし、最大津波高3mから満潮位0.93mおよび沈下量0.1mを控除すると、最大水位偏差が1.97mとなる。図3-22に示した3.11津波による水位偏差波形に対して、最大水位偏差が

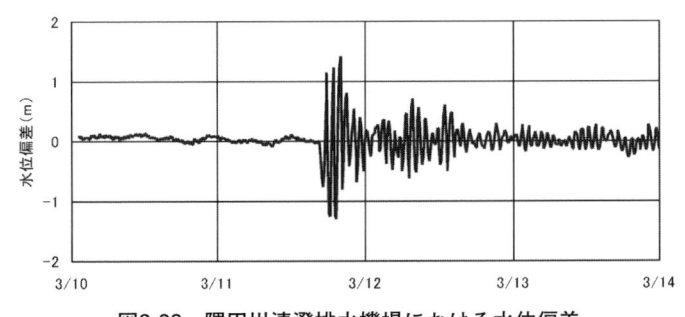

図3-22　隅田川清澄排水機場における水位偏差

1.97mとなるように補正（1.34倍）し、この波形に平均朔望満潮位A.P.＋2.077m[27]を加えたものを図3-23に示す下流端水位としている。

想定津波に対する計算は、沈下量0.1mを考慮して河川断面全体の標高を0.1m下げたものとした。図3-23に示した下流端水位を入力し、その他の設定は図3-20の再現計算と同様としている。また、亀島川の水門は閉鎖と開放の両方の条件とした。

図3-24に3地点における想定津波時の水位を示す。水門の閉鎖、開放による水位の違いをみると、日本橋水門以外の3地点ではほとんど違いがみられない。また、日本橋水門においても、最高水位については水門の閉鎖・開放による違いは小さい。水門開放時の4地点の最高水位は、一休橋地点がA.P.＋4.59m、白鳥橋地点がA.P.＋4.35m、飯田橋地点がA.P.＋4.20m、日本橋水門地点がA.P.＋4.15mである。

神田川の3地点の津波の最大水位は、沈下量0.1mを考慮した場合においても堤防天端高より低くなっている。また、日本橋水門地点の最高水位は、沈下量を考慮した日本橋川の堤防天端高より低いものの、現況で概ねA.P.＋4.0mの亀島川の堤防天端高を上回っている。亀島川全体の最高水位についてみると、日本橋水門の下流地点がA.P.＋4.15m、亀島川中間付近がA.P.＋4.15m、亀島川水門の上流地点がA.P.＋4.09mとなっている。

亀島川の二つの水門を閉鎖した場合、日本橋川や神田川の最高水位は堤防天端高より低いので氾濫を生じないが、亀島川の水門が閉鎖できな

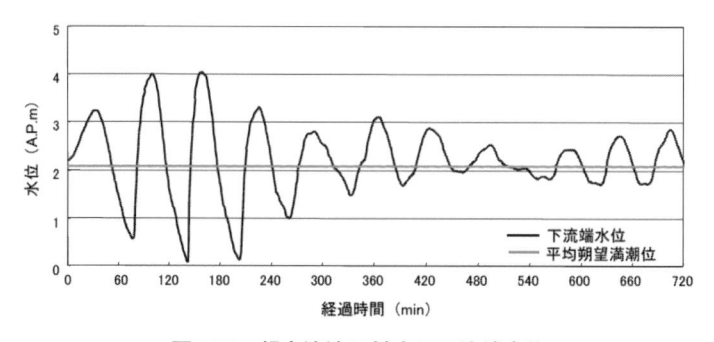

図3-23　想定津波に対する下流端水位

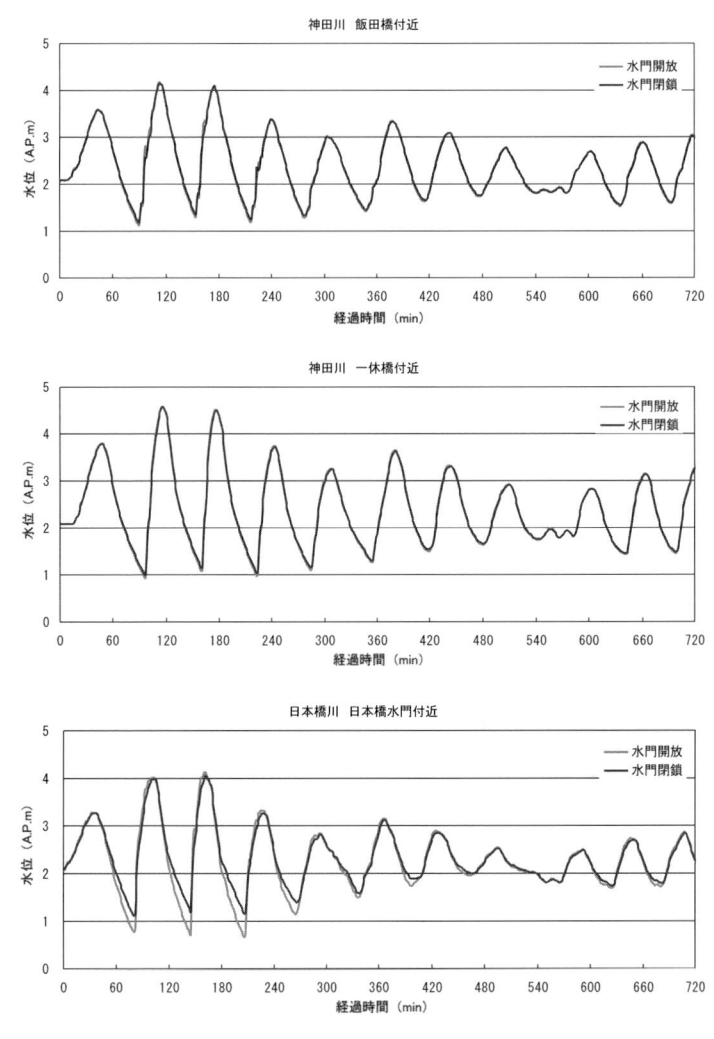

図3-24 3地点における想定津波時の推定水位

かった場合には、亀島川の周辺で氾濫が生じることが推測される。3.11地震においては、全国で水門閉鎖に際して様々な支障があったことが報告されており[28]、巨大地震に伴う津波に対して、亀島川の水門の機能維持は極めて重要である。

水門閉鎖時の日本橋水門と一休橋地点の三つ目のピーク水位の発生時

間をみると、日本橋水門は161分経過時点、一休橋地点は177分経過時点であり、16分の違いがある。ピーク水位の発生時間をもとに津波の伝播速度を計算すると8.3m/sとなり、3.11地震に対する伝播速度より速くなっている。

(d) 都心部の氾濫状況

亀島川の水門が閉鎖できなかった場合には、亀島川の周辺で氾濫が生じることがわかる。亀島川溢水時の氾濫状況をi-RIC2.0.0（iRICプロジェクト）[29]のソルバーNays2D Floodを用いて計算した。地盤高は、国土地理院の基盤地図情報（数値標高モデル）5mメッシュ（標高）を用い、堤防および河床に位置する地盤高には、それぞれの高さを入力している。沈下量0.1mを考慮するため、すべての地盤高を0.1m低く補正した。氾濫計算に際しては10m格子データを作成し、各格子の粗度係数は建物占有率を考慮した数式により算定している[30]。

図3-25に示したように、津波到達100分後では亀島川から約300m離れた位置までが浸水範囲となり、約100m離れた位置に大きな浸水深がみられる。地下に位置する東京メトロの茅場町駅と八丁堀駅、JR京葉線八丁堀駅が浸水範囲に含まれている。また110分後では、さらに、100m程度浸水範囲が広がり、西端は周辺地盤より低い位置にある首都高都心環状線に到達する。また、大きな浸水深が亀島川から約300m離れた位置にみられる。120分後は、浸水範囲は大きくは変わらないが、首都高都心環状線の浸水深が大きくなっている[21]。

津波到達180分後に最大浸水深となり、首都高都心環状線においては3.7mであり、浸水深0.05m以上の範囲は0.64km²となっている。浸水範囲は亀島川の東側にも広がっているが、亀島川の西側は大きくは変わらない。津波到達300分後の浸水範囲は0.65km²であり、180分後とほとんど変わらないものの、首都高都心環状線における最大浸水深は4.8mと大きくなる。なお、この計算では、地下の都心環状線の流れ、地下街への流れ、および下水道に流入した流れは考慮していない。浸水範囲ではビルの地下等についても様々な利用がされており、こうした場所への浸水によって大きな被害が生じる可能性がある。

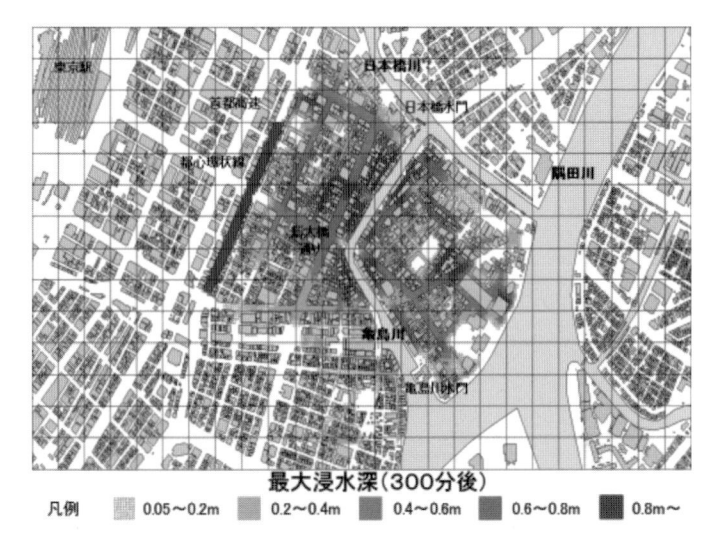

図3-25　想定津波氾濫による浸水域

●参考文献・引用文献

1) 毎日新聞 朝刊（14版 1面）、巨大津波6000年で6回、2011年8月22日
2) 中央防災会議：東北地方太平洋沖地震を教訓とした地震・津波対策に関する専門調査会報告、pp.3-6、2011年9年28日
3) 内閣府政策統括官室：東日本大震災によるストック毀損額の推計方法について、pp.1-14、2011年12月
4) 土木学会水工学委員会：東北関東大震災調査団調査報告書、2011年（土木学会ホームページ）
5) 茅根康佑・盧 敏・田中 仁・梅田 信・真野 明・佐々木幹夫・川越清樹・土屋十圀・三戸部佑太：東北三県における津波の河川遡上特性、水工学論文集 第58巻、2014年
6) 土木学会水工学委員会：東日本大震災調査団報告、2011年（Webページ）
7) 東北地方太平洋沖地震津波合同調査グループ：東北地方太平洋沖地震津波情報、2011年
8) Tanaka, H., Kayane, K., Adityawan, M. B. and Farid, M. : The effect of bed slope to the tsunami intrusion into rivers, Proceedings of the 7th International Conference on Coastal Dynamics, pp.1601-1610, 2013.
9) 岩手県ホームページ、岩手県・海岸保全基本計画、2009年10月13日
10) 宮城県ホームページ、宮城県・海岸の概要、2010年
11) 東北地方太平洋沖地震津波合同調査グループ、東北地方太平洋沖地震津波情報、2011年
12) 国土交通省東北地方整備局 港湾空港部 仙台空港復旧・復興のあり方検討委員会、2011年9月
13) 首藤伸夫：防潮林の津波に対する効果と限界、海岸工学論文集、pp.465-469、1985年
14) 首藤伸夫：津波強度と被害、東北大学津波工学研究報告 第9号、pp.101-136、1992年
15) 土屋十圀：津波に対する防潮林と消波工の一体型水理実験―東日本大震災巨大津波による防潮林調査―、自然災害学会誌 32-3、pp.249-259、2013年
16) 国土交通省荒川下流河川事務所：平成23年（2011年）東北地方太平洋沖地震、荒川水位変動、水門効果、2011年4月4日
17) 国土交通省関東地方整備局荒川下流河川事務所：記者発表資料 平成23年（2011年）東北地方太平洋沖地震における荒川下流管内の被災状況について（取りまとめ）、2011年
18) 東京都防災会議：首都直下地震等による東京の被害想定報告書、pp.2-42〜2-74、2012年
19) 南海トラフの巨大地震による震度分布・津波高について（第一次報告）巻末資料、2012年
20) 南海トラフの巨大地震による津波高・浸水域等（第二次報告）および 被害想定（第一次報告）について、資料1-2 都府県別市町村別最大津波高一覧表（満潮位）、2012

年
21) 高崎忠勝・土屋十圀：巨大地震津波による東京都心部の中小河川の氾濫予測、土木学会論文集131（水工学）、Vol.69 No.4、3013年
22) 増田信也・高崎忠勝：神田川流域における粗度係数の実態、平成16年東京都土木技術研究所年報、pp.171-186、2004年
23) 東京都土木技術センター：神田川他流量観測等調査委託報告書、2008年
24) 高崎忠勝・河村 明・天口英雄：ニューラルネットワークによる都市中小河川感潮域の水位推定、水工学論文集 第55巻、pp.S1603-S1608、2011年
25) 南海トラフの巨大地震モデル検討会（第二次報告）津波断層モデル編―津波断層モデルと津波高・浸水域等について―計算結果集（津波高等）、p.97、2012年
26) 南海トラフの巨大地震モデル検討会（第二次報告）強震断層モデル編（別添資料）―液状化可能性、沈下量について―、p.25、2012年
27) 東京都港湾局：平成24年東京港24時間潮位表、2012年
28) 東北地方太平洋沖地震を踏まえた河口堰・水門等技術検討委員会：東日本大震災を踏まえた堰・水門等の設計、操作のあり方について、pp.6-14、2011年
29) iRIC　Projectホームページ
30) 建設省土木研究所：氾濫シミュレーション・マニュアル（案）、pp.12-14、1996年

4 今あるものを活かし共存する技術

◆ ダムの事前放流による治水対策とハイドロパワー

(1) 無効放流の多目的ダム

　日本には3,000個近いダムがあり、その多くは多目的ダムで、治水・利水の目的に運用され、洪水調節、渇水対策、河川維持流量の役割を担っている。近年、洪水制御手法の視点から、治水調節効果を期待して、一定流量の事前放流に関して詳細に検討されるようになってきた[1),2)]。多目的ダムは、利水機能の面から、洪水時以外は可能な限り水位を上げておきサーチャージ水位を確保すること、治水面では、洪水前に夏期制限水位以下に水位を下げておくことが必要となる。したがって、ダム管理においては、治水と利水の目的を同時に満足させる運用上の厳しさがある。

　全国の多目的ダムは、国のフルプラン計画によって、主に水資源確保の視点から建設された。また、戦後の地方の経済発展を進める立場から発電にも利用されてきたダムが多い。しかし、これらのダムは従属発電のため最大発電量が制限されているため、洪水時には発電に利用されることなく無効放流をしているケースが極めて多い[3),4)]。渡良瀬川の草木ダムとその下流の東発電所では、ダム従属式により群馬県企業局が発電を行っている。この発電量に着目し、さらに発電量を高める視点から事前放流の可能性を検討し、併せて洪水調節にも寄与できる検討事例を紹介する。

(2) 発電専用ダムの課題

　発電専用ダムでは、ダムの水位を維持するための放流は行うが、事前放流を行うことはなく、洪水警報が出されたあとに本格的な放流が始ま

り、下流は増水と放流が重なるという問題が生じている[5]。2011（平成23）年7月28日〜30日にかけて、福島県会津地方に襲来した前線豪雨により、阿賀野川水系では史上稀にみる降雨と出水に見舞われ、同水系の利水ダムの多くで既往最大流量あるいは設計洪水流量を超過する流入量を記録し、只見川の七つの発電所が停止した。また同年8月、台風12号で氾濫した紀伊半島の熊野川では、水系で最大の「池原ダム」（奈良県下北山村）などを管理するJ-POWER（電源開発）が、洪水発生に備えて空き容量を確保する操作「事前放流」をしていなかったことが判明した。さらに、最下流部にある別のダムでは、大雨・洪水警報が出た後で本格的放流を始めており、増水と放流が重なり被害を増大させることになった。これらの各地の自治体や被害者は、氾濫被害の原因はダム管理者による人災であるとして被害補償を要求している。もともと発電専用ダムにおいては洪水対策規定がないため、結果として上記のように台風の豪雨時には洪水氾濫につながることがある。ダム本体の浚渫と堆砂管理、雨天時の事前放流と警報など、ソフト対策がますます重要な課題となっている。

（3） 草木ダムと操作規則

　草木ダムは、7月1日〜9月30日までを洪水期、10月1日〜翌年6月30日までを非洪水期と定め管理されている。そのため、洪水期には夏の大雨や台風による洪水に備え、夏期制限水位が定められている。東発電所は草木ダムの直下にあり、水利用方法はダム従属式、発電形式はダム式である。1976（昭和51）年5月14日から運転が開始され、認可最大出力20,300kW/h、最大使用水量24.00㎥/s、有効落差100.48mである。草木ダムの水は、すべて東発電所に送られ水力発電に使用される。現在、実施されている草木ダムの洪水時の操作規則は、**図4-1**および下記の①〜⑤に記述したように、一定率一定量方式で調節されている。したがって、流入量500㎥/s以上を洪水と定義している[6]。

　① 流入量が500㎥/sになるまでは、流入量と同量を放流する。
　② 流入量が500㎥/sを超えた時から、（流入量−500㎥/s）×0.1＋

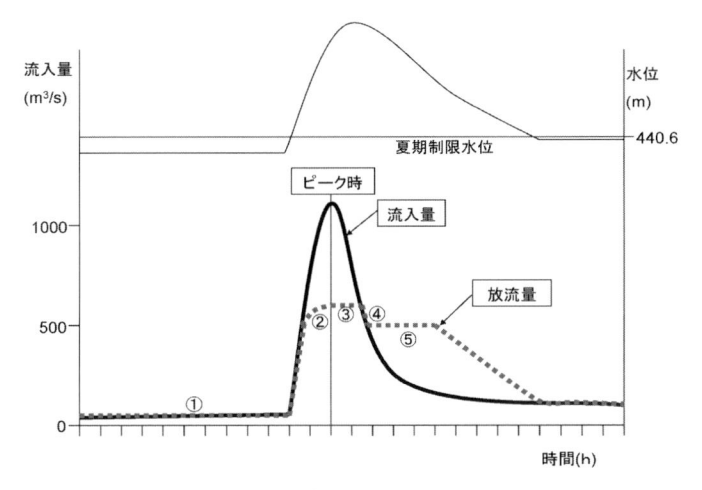

図4-1 草木ダムの洪水時の操作規則

$500\,\mathrm{m^3/s}$ を放流する。
③ 流入量がピークに達した時から、流入量＝放流量になるまで、ピーク時の放流量を放流する。
④ 流入量＝放流量になった時から流入量が $500\,\mathrm{m^3/s}$ になるまで、流入量と同じ量を放流する。
⑤ 流入量が $500\,\mathrm{m^3/s}$ に達したら、$500\,\mathrm{m^3/s}$ を放流し、貯水位を下げる。

(4) 無効放流量と全放流量の割合

草木ダムの洪水放流時に発生する無効放流の実態を把握するため、1990（平成2）年から2004（平成16）年までの15年間の無効放流と全放流量の割合を検討した。その結果を図4-2に示す（横軸は経年を示し、左縦軸は草木ダムの年間の無効放流量、右縦軸は無効放流量と全放流量との割合）。1991年、1998年、2001年など無効放流量が多い年には、全流出量の3〜4割の水量が放流され、少ない年でも約1割が無効放流されていることがわかる。この無効放流量を減らし、発電量を増加させるように検討することとした。

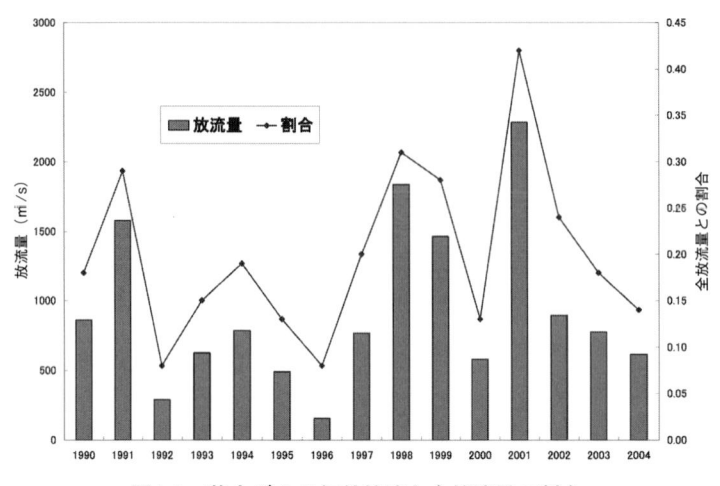

図4-2 草木ダムの無効放流と全放流量の割合

(5) 東発電所の発電量とダム水位の関係

　発電量と水位の関係について、1990（平成2）年から2004（平成16）年までの15年間分のデータを用いて検討を行った。図4-3に発電量と水位の関係（横軸は水位、縦軸は発電量）を示す。各年の水位と発電量の日データの関係をグラフにプロットしている。発電量と水位の関係に相関性は見受けられない。しかし、図に描いた包絡線からもわかるように、この水位に対する最大値が設定されているためである。通常に考えれば、発電量を多くするためには水位を高く保つ必要がある。ダム従属発電式は認可最大発電量、すなわち使用水量が決められている。したがって、草木ダムの常時満水位である454mを超えることはない。東発電所の1時間当りの認可最大出力は20,300kWであり、1日当りに換算した487,200kW（＝20,300kW×24h）を超えていないことも確認できる。また、洪水期に設定されている夏期制限水位である440.6mの位置に多くプロットされている。これは、洪水期には夏期制限水位を基準に操作が行われているからにほかならない。

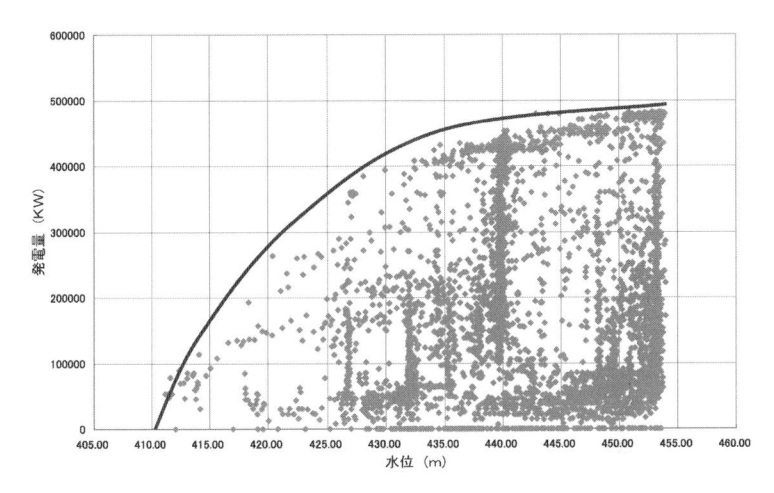

図4-3 発電量と水位の関係（1990年～2004年）

(6) 事前放流の検討

(a) 解析手法

現在のダム操作規則に基づき、擬似的なシミュレーションで、洪水流出が始まる前に事前放流する方法によって無効放流を逓減させ、発電量を増加させる検討を行った。この検討では、15年間で流入量の多い四つの洪水イベントを抽出し、タンクモデル法を使用して流出解析を行い、基底流量と直接流量を分離する。その基底流量分を流入量ピーク時から時間をずらして事前放流する手法である[3]。図4-4に、解析で使用した放流方法の概念を示す。太い実線は流入量、太い点線は放流量、細い実線は発電使用水量、および細い点線は基底流量を示し、上部の水平線は水位を示している。流入量がピークに達した時を基準にし、基底流量分を事前に放流するためにずらし時間（矢印）をとる。この水量が事前放流量となる。この方法により使用水量を実際の使用水量よりも多く確保することが可能となり、発電量を増加させることが可能となる。さらに、この手法は流入量がピークに達する前に水位を下げるため、治水上でも有効である。

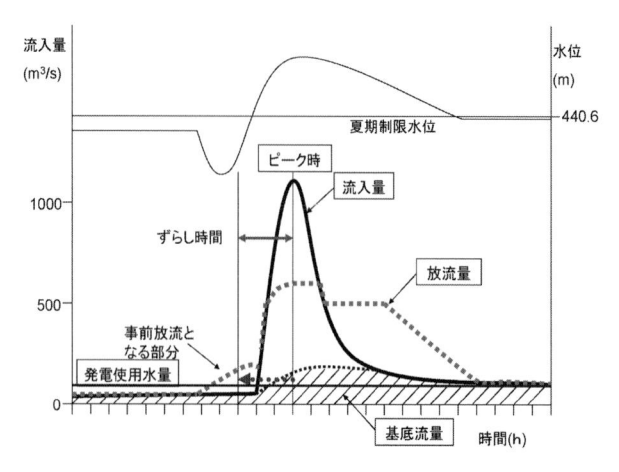

図4-4　Base flow 事前放流方式の概念

(b)　洪水イベントによる検討

　事前放流を試行するにあたり、15年間で流入量の多い四つの洪水イベントの降雨を抽出した（**表4-1**）。四つの洪水は、
　No.1：1990年8月8日から8月12日までの降雨（317.2mm）
　No.2：1998年9月14日から9月18日までの降雨（274.2mm）
　No.3：2001年8月20日から8月24日までの降雨（347.0mm）
　No.4：2002年7月8日から7月12日までの降雨（413.7mm）
である。この四つのデータを用いて検討すると、四つの洪水とも無効放流率が75.61～90.08％と極めて高い。

表4-1　流入率、無効放流率

	対象雨量	総雨量(mm)	流入量(m³)	流入率(%)	発電使用水量(m³)	ダム放流量(m³)	全放流量(m³)	発電量(kWh)	無効放流率(%)
No.1	1990年8/8～8/12	317.2	46059480	57	6725277.39	20853854.61	27579132	1355000	75.61
No.2	1998年9/14～9/18	274.2	53200332	76	7609608.00	39712644.00	47322252	1629000	83.92
No.3	2001年8/20～8/24	347.0	61217244	69	7212276.00	41326740.00	48539016	1476000	85.14
No.4	2002年7/8～7/12	413.7	74150460	71	6964524.00	63236880.00	70201404	1475000	90.08

(c) タンクモデル法による基底流量と直接流量の分離

上記の四つの降雨イベントについて、ダムに流入してきた水量を基底流量と直接流量を分離するために、タンクモデル法を用いて流出解析を行った。**図4-5**は、四つの降雨イベントに3段タンクモデルを適用したシミュレーション結果の事例である。横軸は日時、左縦軸は流入量、右縦軸は降雨量を示している。なお、3段目の流出を基底流量（細い実線）として算出した。四つの洪水イベントの適用結果は、計算値と実測値の相関係数0.980と非常に良い結果になった。また、洪水ピーク、波形もほぼ良好である。計算された流入量と基底流量の割合は、No.1：38.85％、No.2：38.62％、No.3：24.16％、No.4：21.45％である（**表4-2**）。

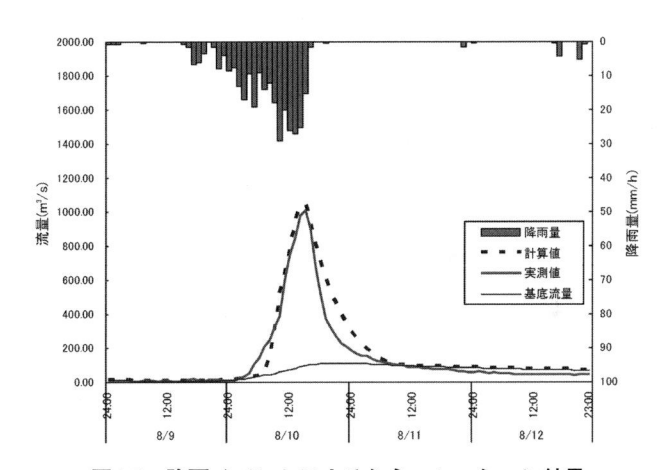

図4-5　降雨イベントによるシミュレーション結果

表4-2　基底流量の割合

対象降雨	計算全流入量 (m^3/s)	基底流量 (m^3/s)	割合 （％）
1990年8月	15220.8	5912.9	38.85
1998年9月	17171.4	6631.6	38.62
2001年8月	20025.1	4838.6	24.16
2002年7月	19180.3	4113.7	21.45

(d) 事前放流とずらし時間

　事前放流を試行するにあたっては、「ずらし時間」を設定する必要がある。タンクモデル法による流出解析による検討から基底流量相当の流量を洪水ピークの4時間前からずらし2時間ごとの24時間までを設定した。以下に事前放流方法を示す。ずらし時間が12時間の場合を図4-6に示す。ここでは、気象予測で進路が1日前からわかりやすい台風の豪雨を想定している。

　なお、ダム貯水位に関しては、式（4.1）より算出することができる[1]。

$$A(h)\frac{dh}{dt} = Q_{IN} - Q_{OUT} \qquad (4.1)$$

ここで、Q_{IN}：ダム貯水池への時々刻々の流入量（m³/s）、Q_{OUT}：ダムからの放流量（m³/s）、A：水面積（m²）、h：ダム貯水位（m）

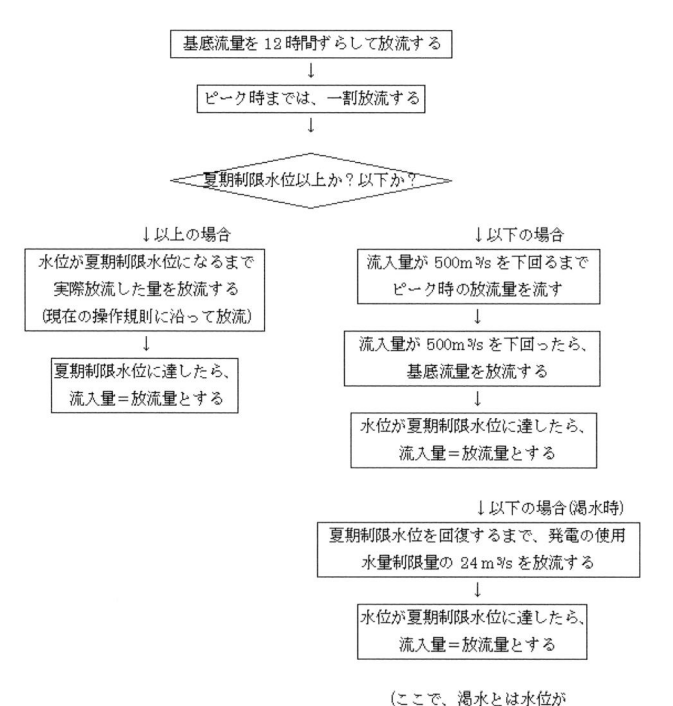

```
基底流量を12時間ずらして放流する
           ↓
  ピーク時までは、一割放流する
           ↓
   ＜夏期制限水位以上か？以下か？＞
```

↓以上の場合
水位が夏期制限水位になるまで
実際放流した量を放流する
(現在の操作規則に沿って放流)
　　　↓
夏期制限水位に達したら、
流入量＝放流量とする

↓以下の場合
流入量が500m³/sを下回るまで
ピーク時の放流量を流す
　　　↓
流入量が500m³/sを下回ったら、
基底流量を放流する
　　　↓
水位が夏期制限水位に達したら、
流入量＝放流量とする

↓以下の場合(渇水時)
夏期制限水位を回復するまで、発電の使用
水量制限量の24m³/sを放流する
　　　↓
水位が夏期制限水位に達したら、
流入量＝放流量とする

(ここで、渇水とは水位が
425m以下の時と仮定する)

図4-6　事前放流方法によるダム操作案[7]

(e) 事前放流後の結果

図4-6の放流方法を基に、四つの降雨イベントに対して基底流量の事前放流による、ずらし時間12時間のケースのシミュレーションを行った。図4-7は、No.2の降雨イベントで、その時の水位の変動を示している。薄色の線は実際のダム水位を、濃色の線は計算の水位を示す。実際のダム水位よりもシミュレーションによる事前放流を行うことですべてのケースで水位低下がみられ、治水上も有効な結果であるといえる。

表4-3に、発電量増加率および無効放流率を示す。無効放流率は、表4-1に示した四つの降雨イベントに比べ、最大で－15.44％（No.1）から最小でも－0.13％（No.2）と減少している。

したがって、発電量はNo.1：30.20％、No.2：6.65％、No.3：16.18％、No.4：16.27％と増加している。全体的に無効放流率は下がり、発電量が増加していることがわかる。したがって、事前放流は有効な方法と考えられる。同時に、同様な方法によって、ずらし時間を4時間から24時間まで2時間ごとに時間をずらして事前放流を行った結果を表4-4に示した。イベントごとにずらし時間を多くするほど発電量が増加していることがわかる。

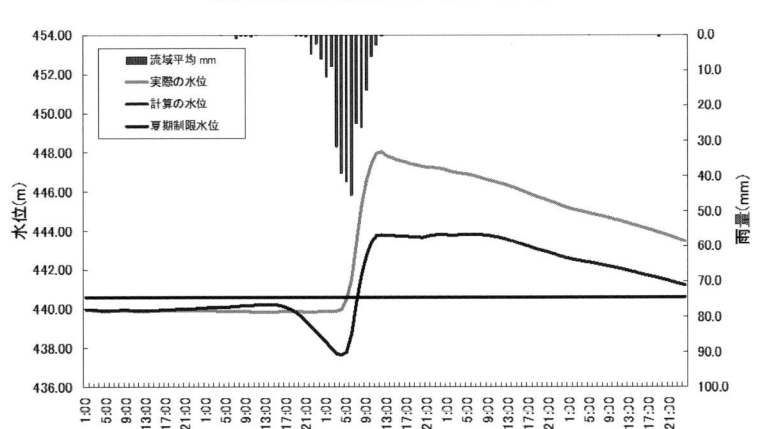

図4-7 事前放流時の水位の変動

表4-3　発電量増加率と無効放流率

対象降雨	発電量増加率(%)	無効放流率(%)		基底流量と流入量の割合(%)
No.1	30.20	60.07	−15.44	39
No.2	6.65	83.79	−0.13	39
No.3	16.18	79.57	−5.57	24
No.4	16.27	88.86	−1.22	21

表4-4　四つの洪水イベントの事前放流の発電量増加率

1990年8月	増加分(%)	1998年9月	増加分(%)	2001年8月	増加分(%)	2002年7月	増加分(%)
4h	27.4	4h	2.6	4h	13.2	4h	5.6
6h	28.2	6h	3.6	6h	14.4	6h	6.8
8h	28.9	8h	4.7	8h	15.6	8h	6.9
10h	29.6	10h	5.7	10h	15.9	10h	7.1
12h	30.2	12h	6.7	12h	16.2	12h	7.2
14h	30.9	14h	7.6	14h	17.4	14h	8.6
16h	31.5	16h	8.6	16h	18.6	16h	9.3
18h	32.5	18h	9.7	18h	19.9	18h	10.3
20h	33.5	20h	10.6	20h	22.3	20h	12.8
22h	34.4	22h	11.7	22h	24.8	22h	15.2
24h	35.4	24h	12.7	24h	27.2	24h	17.7

(f)　まとめ

事前放流方式の検討結果を要約すると、下記のようになる。

① 基底流量相当の事前放流は、無効放流量を減少させ、発電量が6.6〜30.2％増加することが可能である。

② 流入量ピーク時から、ずらし時間（4〜24時間とした場合）を多くするほど発電量は増加する。

③ 基底流量は洪水流出量に比べ変動幅が小さく、かつ流況特性として把握しやすい。

④ 基底流量の事前放流は、空振りに終わっても下流への洪水リスクは小さく、発電量は増加する。実現可能性は大きいといえる。

⑤　治水対策に関しては、洪水前にダム水位のピークを低下させることができ、治水対策にも効果を発揮するものと考えられる。

　一方、事前放流方式の課題としては、ダム管理の操作が長時間にわたることもあり、管理者には気象の変化を的確に予知することが求められる。

　以上、検討結果から、ダムの事前放流は、発電水利・治水にも有効的な方法と考えられる。

◆ 洪水による攪乱は生物多様性を生む

(1)　洪水のもつ二面性

　今まで見てきたように河川の大規模な洪水は、人命、財産を奪い、社会的に大きな損失を招くことは明らかである。しかし、川は本来自然の水循環過程の一部であり、洪水や渇水も人間の営みに関係なく出現する。今日、人為的影響である地球温暖化が洪水や渇水を招いている要因の一つであることは理解しつつも、人間が川から水や生物などの恩恵を受けるために、川をコントロールする（都合よく利用する）必要から、川との付き合いが始まっている。

　河川流域には、上流から海まで連続していることによって開放的な生態系が生まれている。地球の水や物質の循環の過程で、洪水は流域の栄養塩類を運び、流域を肥沃な土地に変えてきた。世界の四大文明の発祥の地は、大河から生まれていることはいうまでもない。ベンガル湾に発生するサイクロンに伴う降雨には、人間を壊滅的にさせるボンナ（Bonna）と、恵みをもたらすハオール（Haor）があるといわれる。すなわち、人間に脅威にもなる水もあり、恩恵の源の水でもある。

　ConnerとDayの研究（1976）が紹介しているように、このような水の動きは、生物生産力を高めるエネルギー補助として、湿地の生態系においては生産力の鍵になっている。湿地林では増水や水位変動は生産力を高める補助となり、流れは「停滞」より「ゆっくりした流れ」が、さらに「季節的洪水」は生産力を一層増大させると述べている（E. P.オダ

ム著・三島次郎訳：基礎生態学、培風館、1991年)[8]。

このように、本来、河川生態系を攪乱させる外力は、人為的な要因と自然的な要因の二つに区分される。これらの攪乱によるダメージを繰り返し受けてきた。河川生態系の攪乱をもたらす要因を整理すると、図4-8に示すようになる。人為的な要因には、水質汚濁、堰・ダム、大規模な河川改修工事などが挙げられる。一方、自然的な要因としては、洪水・渇水、火山泥流、酸性水・温泉水などが存在する。河川生態系にインパクトを与えるこれらの事象を攪乱（disturbance）と呼んでいる。

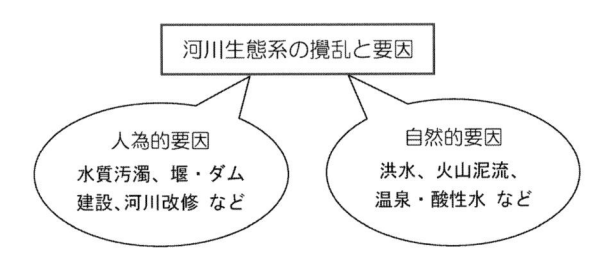

```
         ┌──────────────────┐
         │ 河川生態系の攪乱と要因 │
         └──────────────────┘
           ╱               ╲
    ╭──────────╮       ╭──────────╮
    │ 人為的要因 │       │ 自然的要因 │
    │水質汚濁、堰・ダム│   │洪水、火山泥流、│
    │建設、河川改修 など│  │温泉・酸性水 など│
    ╰──────────╯       ╰──────────╯
```

図4-8　河川生態系の攪乱と要因[9]

(2) 洪水攪乱と多様性

河川生態系は、河川流域からの洪水流出や渇水などの流量変動による動的で短期的な影響を受ける。また、河川は、堰・ダムなどで横断する構造物により長期的な影響を受け続ける。したがって、生物相の生息環境が著しく改変し、生物種の多様性を劣化させる。例えば、発電ダムなどによる取水のため下流の水量の低下をもたらし、河川環境の悪化を招いてきた。このため、生態系保全を図る目的で、維持流量が検討されるようになった。さらに、流域からの汚濁排水は水質を悪化させ、藻類・魚類などの生息環境に大きな影響を与え、1960年代から70年代には水質汚濁などの「公害」が、社会と人間を含む生態系へ大きいダメージを与えた。これらは生態系へのインパクトとなり、長期的に影響を及ぼすことになる。

攪乱は、生物種間の競争的排除を妨げる働きがあるが、規模や頻度によりその機能は大きく変化する。攪乱の規模が大きすぎると回復に要す

る時間が長く、種の減少を招く場合もある。反対に小さすぎると十分に競争的排除を抑えることができない。すなわち、攪乱の規模（流量、洪水頻度など）が大きくても小さくても、種の多様性は小さくなる。したがって、多様性を保つには適度な攪乱が必要とされる（図4-9）。これはConnell（1978）の中規模攪乱説[10]と呼ばれ、底生動物、植物性プランクトンや陸上植物など、広く確認されている。この理論をもとに、攪乱規模と生物動態の関連性を確認するため、統計的な解析を行っている。

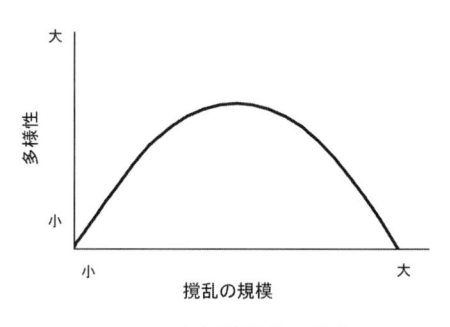

図4-9　中規模攪乱説模式図

一方、河川における生物多様性を評価する場合の研究として、底生動物を指標に、自然度の高い河川においては、豊水流量の超過確率と生物の多様性を表すSimpson指数[注]を用いて評価してきた[11]。この指数と攪乱の頻度の関係が上に凸の二次式となることを明らかにしており、適度な攪乱頻度が存在することを指摘し、この中規模攪乱説の実証を試みた。

(3) 攪乱頻度の定義と秋川・北浅川および平井川の検証

従来の研究・調査では、攪乱規模を示す代表値として年最大・最大日流量、60日流量、標準偏差が使われることが多いが、生物調査が少ない

注）　Simpson指数：SI（Simpson Index）は、生物群集の多様性を評価する下記の式で求められ、Simpsonの多様性指数とも呼ばれている。ここでは、Simpson指数を求める生物量として湿重量を用いている。

$$SI = 1 - \Sigma (n_i/N)^2$$

ここで、n_iは個々の種における湿重、Nは種ごとの総湿重量である。

など攪乱の応答を十分説明できていない[12]。ここでは、攪乱規模となり得るものとして流量変動の統計的確率手法から算出し、1年間における豊水流量の超過確率を適用した。また、渇水流量に対しては非超過確率の検討を行っている。河川の年間流量特性は流況曲線が用いられる。すなわち、95日目、185日目、275日目、355日目の日流量をそれぞれ豊水流量、平水流量、低水流量、渇水流量として指標化している。ここでは豊水流量を洪水攪乱が起こり得る流量と仮定し、この流量を超える確率、つまり超過確率を攪乱規模に相当する値と定義している（**図4-10**の数字は事例）。年間の日流量の度数分布は対数正規分布に従う。

したがって、この対数正規分布から、豊水流量の超過確率26.8％を求めることができる。これは1年間の中規模洪水から大規模洪水の攪乱頻

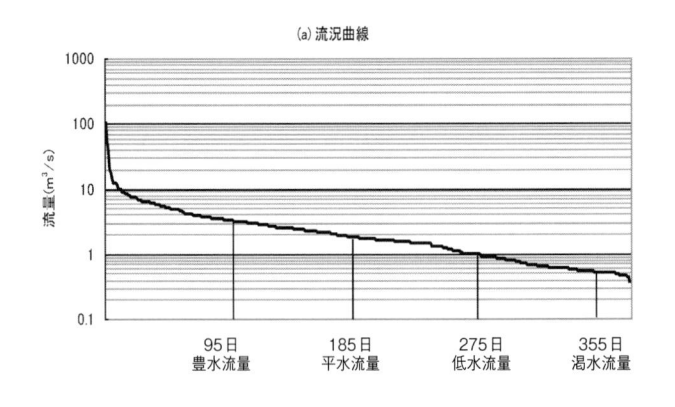

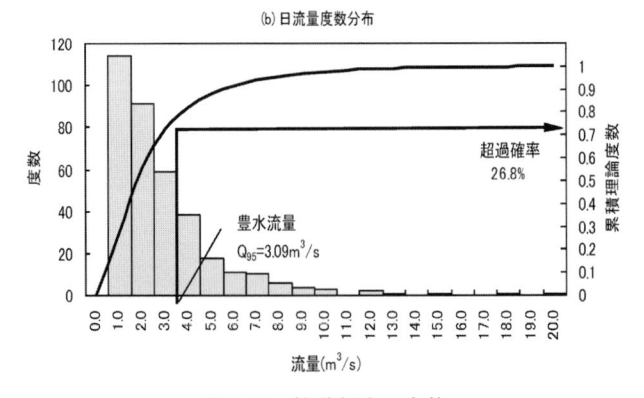

図4-10　攪乱頻度の定義

度を表す指標となり得る。さらに、洪水だけでなく、渇水によっても底生動物相に対して攪乱が起こり得ると考えられる。流況曲線において、355日目にあたる渇水流量も攪乱頻度の指標になると仮定し、この非超過確率と底生動物のSimpson指数の関係を検討している。

図4-11は、秋川、北浅川における攪乱規模としての豊水流量の超過確率と多様性を表すSimpson指数の関係を示している。横軸に超過確率、縦軸にSimpson指数をとり、プロットされた点に対して二次曲線の近似を試みた。その結果、秋川と北浅川で相関性が高い近似が得られる。自然度の高い秋川においては流量の一部に欠測もあり、データ数は十分に揃っていないが、最大値をもつ凸型の二次曲線に対して0.887と高い相関が得られている（**図4-11**（a）参照）。北浅川においても同様の検討を行

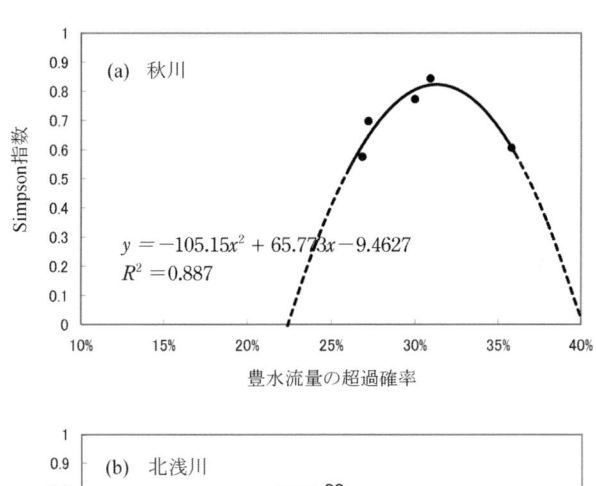

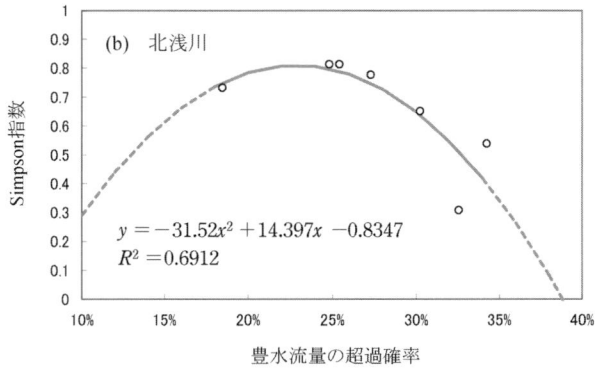

(a) 秋川

$y = -105.15x^2 + 65.773x - 9.4627$
$R^2 = 0.887$

(b) 北浅川

$y = -31.52x^2 + 14.397x - 0.8347$
$R^2 = 0.6912$

図4-11　洪水撹乱の頻度とSimpson指数

った結果、秋川と同じく二次曲線に近似する関係を示した（**図4-11**（b）参照）。したがって、この二次式を中規模攪乱曲線（intermediate disturbance curve）と定義すれば、一般的に次の式（4.2）のように示される。

$$Y = -aX^2 + bX + c \qquad (4.2)$$

ここで、Y：多様度あるいは種類数（ここでは、Simpson指数）
　　　　X：攪乱頻度あるいは規模（ここでは、豊水量の超過確率）
　　　a, b, c：河道の流況特性で決まる係数

なお、式（4.2）を攪乱頻度Xで微分してゼロとすると、多様性指数を最大にする超過確率の値が求められる。

一方、12年間にわたり連続的に河川改修工事が実施された平井川は、豊水流量の超過確率と生物多様性との間に有意な関係はみられない。この結果は、ほぼ1カ所にプロットが集中していることから、河川改修工事が長期に続いたためPress型[13]の攪乱の典型例といえる。

なお、渇水流量の非超過確率と底生動物のSimpson指数を検討している。その結果、秋川ではあまり有意な関連性はみられなかったが、北浅川においては最大値を持つ二次曲線と相関の高い状態で近似できている。自然度の高い秋川でこれらの関係が明確に現れなかったため、渇水による攪乱と生物多様性との関係を考察する手法としては、更なるデータを蓄積した検討が必要である。

以上の検討より、多摩川水系における人為的な施設が少なく自然度の高い支流河川では、流量変動による攪乱頻度と底生動物群集との関係は豊水量の中規模洪水攪乱によって説明でき得るものと考えられる。これは、攪乱が競争的排除を妨げる働きをし、強すぎると個体数が回復されず多様性も減少する。反対に攪乱が弱すぎても競争的排除をとどめることができない。適度な攪乱がある状態で多様性は最大になるというConnell（1978）の中程度攪乱説[10]を検証しているものと考えられる。

したがって、底生動物にとって最も高い多様性を保つ攪乱頻度が存在することを、この手法で確認することができるものと考えられる。

今後、河川管理における洪水・利水の適応策を検討する場合、多様性

指数を最大にするようなダム管理、河川管理に応用できるようになることを期待したい。

◆ 都市の治水は河川と下水のコラボレーション

（1） 行政の取り組みと水難遭遇人口

　2001（平成13）年11月、東京都建設局河川部および下水道局計画部は、2000（平成12）年9月の名古屋水害を契機に、協働して神田川流域のハザードマップを作成し、公表している。河川と下水道が連携して作成・公表した浸水予想区域図としては、この神田川が第1号である。

　大都市に大きなダメージを与えた名古屋水害は、東海観測所で観測開始以来最大となる時間最大114mm、総雨量589mmを記録し、死者10名、浸水棟数6万棟以上の大水害となった。今後、日本列島のどの都市でも名古屋水害と同様な水害は起こり得る。このため、建設省は「都市型水害緊急検討委員会」（座長：玉井信行東京大学教授）を設置し、2000年11月に、①事前対策のあり方、②危機管理対策のあり方、③河川・下水道等の連携のあり方等についての提言を行った[14), 15)]。

　河川部局と下水道部局の連携が動き出した。東京都内は主要駅近郊に新宿や渋谷など13の大規模地下街があり、2000（平成12）年度現在、延べ面積約22万6千m²の地下空間や、12路線（区間延長251.7km、246駅）もの地下鉄があり、不特定多数の人々が毎日利用している。ひとたび地下空間が浸水した場合には、地上も含めて甚大な被害となる危険性が高い。

　ところで、都市の豪雨災害で水害被害者の推定を考えてみる。東京都総務局の推計（2010年3月30日）[16)]では、都内の昼間人口は、2005（平成17）年の1,497万8千人で、その後さらに増加し、2015（平成27）年には1,564万6千人となりピークに達するとしている。また、通勤・通学による移動者数の詳細な調査がある。この調査結果の要約は、以下のとおりである。

　① 都内に常住している通勤・通学者で、自区市町村に通勤・通学す

る者は、2005（平成17）年の278万人から2010（平成22）年に283万7千人へと増加し、その後わずかに減少し、2015（平成27）年に282万4千人になる見込みである。

② 都内に常住している通勤・通学者で、都内の他区市町村に通勤・通学する者は、2005（平成17）年の347万2千人から2010（平成22）年に349万3千人へと増加し、その後わずかに減少し、2015（平成27）年に347万人になる見込みである。

③ 都内に常住している通勤・通学者で、都外へ通勤・通学する者は、2005（平成17）年の48万9千人から2010（平成22）年に47万5千人、2015（平成27）年に46万8千人へと一貫して減少する見込みである。

④ 都外に常住している通勤・通学者で、都内へ通勤・通学する者は、2005（平成17）年の305万1千人から2010（平成22）年に310万3千人に増加し、その後わずかに減少し、2015（平成27）年に303万0千人になる見込みである。

仮に、2010（平成22）年を合計すると、990万8千人が毎日移動していることになる。通勤手段は圧倒的に電車、次にバス、車が考えられる。このうち、①都内に常住している通勤・通学者で、自区市町村に通勤・通学する者を対象に加えない場合を考えると、707万1千人である。最低707万1千人は都内の電車・バスのターミナル利用者の人口と推定できる。この通勤者は、水害・水難に遭遇する潜在的な人口と考えられる。

2014（平成26）年2月、国土交通省は「100mm/h安心プラン」を提起している[15]。従来の計画降雨を超える「ゲリラ豪雨」に対し、住民が安心して暮らせるために、関係分野の行政機関が役割分担し、住民（団体）や民間企業等の参画を働きかけ、住宅地や市街地の浸水被害の軽減を図るために実施する取り組みを定めた計画である。

「100mm/h安心プラン」の内容は、策定主体は、市町村および河川管理者、下水道管理者等とし、水管理・国土保全局長において登録を行うことになっている。登録した地域について、流域貯留浸透事業の交付要件を緩和することにより、計画的な流域治水対策の推進を図るとしている。

このプランが期待される効果は、①河川や下水道等の連携により、効果的な整備が可能となる。②登録、公表等により一層の整備推進等が見込まれる。③住民等の参加により、地域の防災への意識が高まる。としているが、登録した地域・自治体は未だ10カ所にとどまっている。都市部では独自の対策が進んでいると考えられるが、未だに各自治体に十分浸透してはいないといえる。

(2) 河川・下水道の豪雨災害への適応策は時間との戦い

近年、東京都内の時間50mmを超える降雨の発生率の経年変化は増加傾向を示している（図4-12）。また、1990（平成2）年～2009（平成21）年の時間50mmを超える降雨の地域の発生頻度分布は、環状6号、7号線周辺の23区北西部と多摩中央部に集中している（図4-13）。

第1章で述べたように、2005（平成17）年9月の集中豪雨（日雨量263mm、112mm/h）による水害では、神田川上流、善福寺川、妙正寺

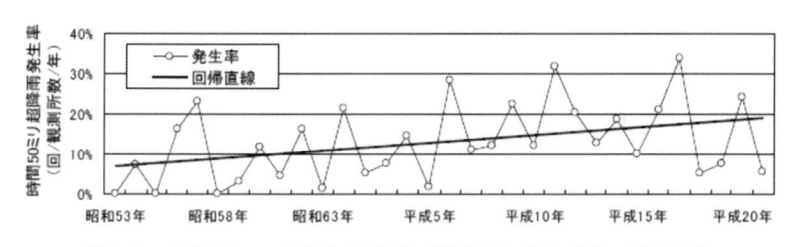

図4-12 時間50mmを超える降雨の発生率の経年変化（東京都）

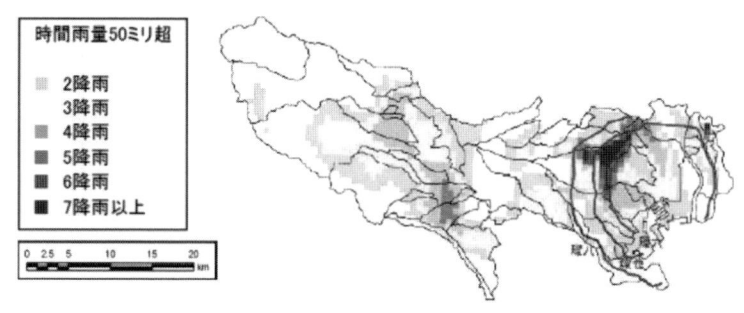

図4-13 時間50mmを超える降雨の発生頻度分布（東京都）

川で氾濫し、浸水面積171.6ha、浸水棟数5,827棟の被害を受けた。このため東京都は、従来の都内一律の目標整備水準であった時間50mm降雨への対応から、区部では時間75mm降雨、多摩部では時間65mm降雨（年超過確率1/20）に引き上げる方針を示した[14]。今後は、区部と多摩部の降雨特性の違いを踏まえ、区部流域は「大手町」、多摩部流域は「八王子」の降雨データに基づき設定している（中小河川における今後の整備のあり方検討委員会、座長：山田正中央大学教授、2012年11月）。

　また、内水被害を軽減するため、広域調節池と下水の雨水貯留管を連結するなど新たな取り組みを開始する方針を示した。その取り組みと事例の構想図を図4-14に示した。これは、近年、時間50mm降雨を超える台風や雷雨性の局地的集中豪雨に伴う水害が増加し、河川と下水道との連携による内水被害の軽減が急務であることによる。この改訂で根拠としている降雨データについては、神田川水害訴訟が和解した1989（平成元）年前後、内部では東京・大手町（気象庁）と八王子降雨観測所のデータの違いが明確になり、治水計画の基本である降雨計画の見直しが指摘されていた。旧降雨計画は1927（昭和2）年～1966（昭和41）の40年間の降雨データをもとに、東京・大手町の降雨確率年を検討し、都全体の治水計画がつくられ、今日まで事業は進んでいたことになる。

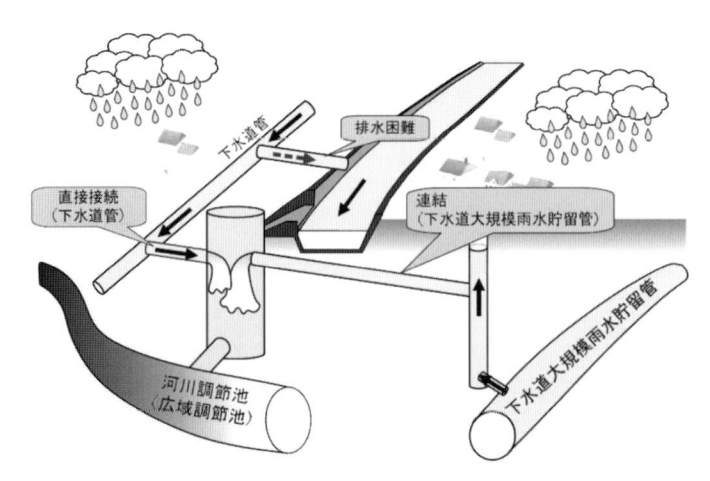

図4-14　調節池と下水道貯留管の連結イメージ[17]

著者の検討では、その後の40年間、1965（昭和40）年〜2004（平成16）年の東京の時間50mmの降雨確率に大きな変化はみられない。しかし、近年の東京と八王子の時間50mmの降雨確率年には明確な違いがあり、東京が1/4に対して八王子は1/10となっている（**図4-15**）。河川事業は、都市化や気象の変化が常に先に進行し、調査、計画、事業という順番で後から進んでいる状態にある。河川計画、治水事業のデザインは、気象と大地が相手である限り、他の産業のように簡単にモデルチェンジができない宿命にある。

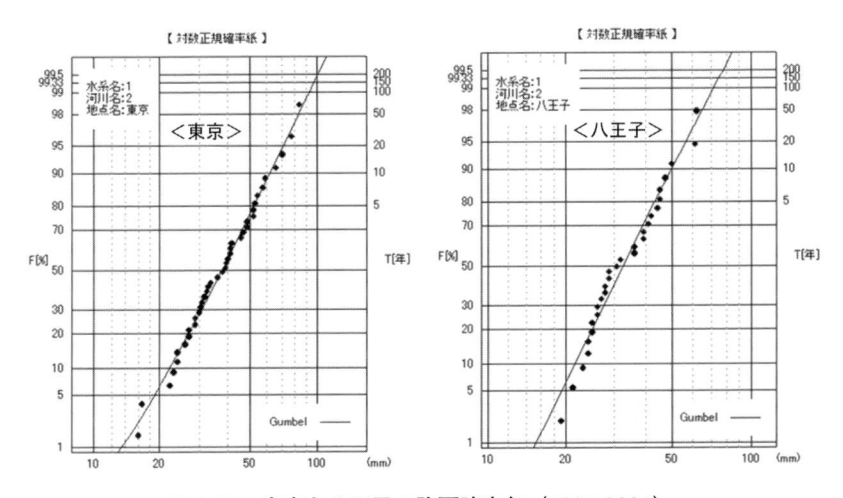

図4-15　東京と八王子の降雨確率年（1965-2004）

　さて、東京都下水道局では、「豪雨対策下水道緊急プラン」が策定され、2013（平成25）年12月17日からスタートしている[18]。「地形」や河川整備状況、被害規模などを踏まえ、優先度を考慮しつつ、時間75mmの降雨に対応する施設整備も含めた緊急プランである。東京都都市型水害対策検討会「100mm/h安心プラン」を受けた事業と思われるが、**図4-13**に示した時間50mmを超える降雨の発生頻度分布を認識した合理的かつ、即応性のある計画を遂行してほしいものである。

　図4-16は、神田川流域の集中豪雨の降雨強度と内水氾濫による浸水面積との関係を示している。総降雨量と浸水面積には相関性はみられない。

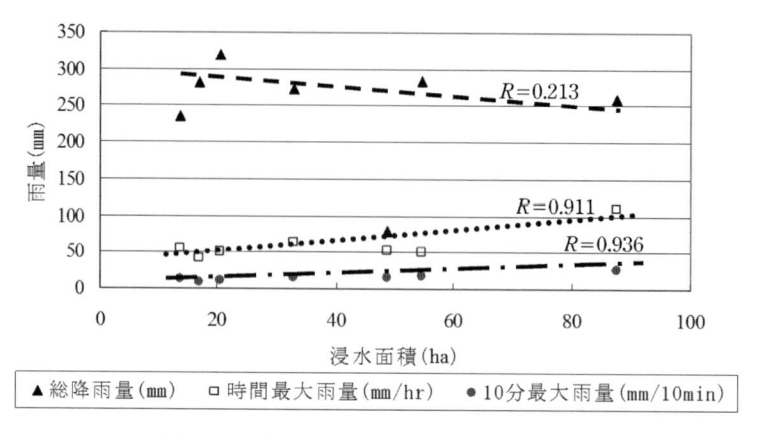

図4-16　神田川の降雨強度と内水氾濫面積

むしろ、降雨強度の1時間値と10分値が比例関係にあり、浸水面積との相関も高くなっている。内水氾濫は10〜60分の短時間降雨強度の影響を受けることが氾濫調査からわかる[19]。

最後に、都市河川と下水道計画に使われている合理式について考察してみる。

下水道の排水エリアは排水区であり、河川は地形の境界を基本にした流域が排水（流出）エリアである。この合理式の降雨と流出の検討には重要な指標として「流出係数f」がある。必ずしも計画の流出係数fが、実際の降雨流出現象では計画どおりの数値にならないことが多い。都市化している地域では、基本計画の流出係数$f=0.8$が多いが、降雨イベントよっては1.0を上回ることがある。下水管路は住宅の地先まで網の目のように排水区が伸び、降雨はオンサイトで「雨水ます」で受け取るため、管路の排水到達時間は極めて速い。この流出係数fは流量を観測して逆算から求めるが、多くのデータで検証する必要がある。排水区から流出量を観測し、実証的・経験的にも確認することが重要である。この基本式はいうまでもなく、ある排水区あるいは流域の面積に降雨があった場合、その排水区に流出する計算式である[20]。この流出量は、排水面積にも、降雨強度にも比例関係にある。降雨強度が支配的であれば洪水が到達する時間を決める必要がある。そのためにも流量観測が重要になる。

河川は水位観測でデータが蓄積されているが、下水道はデータが継続的に観測されているケースはほとんどないといえる。下水道の管路網で流量計測を行い、河川の水文データと共有することによって、本当の河川と下水道のコラボレーションが構築できる。行政の壁を越えて作業を積み上げてほしいものである。

● 参考文献・引用文献

1) 戸谷英雄・秋葉雅章・宮本 守・山田 正・吉川英雄：ダム流域における洪水流出特性から可能となる新しい放流方式の提案、土木学会論文集 No.810/Ⅱ-74、pp.7-30、2006年2月
2) 山田 正：既存ダム群の洪水調節機能の向上、ダムが有する治水機能の再評価と豪雨対策、土木学会 平成18年度全国大会研究討論会 研-11資料、pp.3-4、2006年9月
3) 土屋十圀・小澤一樹：草木ダムの有効発電と事前放流方式による定量的評価に関する研究、水文水資源学会研究発表会要旨集、pp.224-225、2007年
4) 群馬県企業局：第17年度 渡良瀬水系ダム流域洪水解析委託報告書、2005年
5) 毎日新聞 朝刊（1面）、台風12号豪雨 ダム事前放流せず、2011年9月14日
6) 水資源機構草木ダム管理所：水が支える豊かな社会、草木ダム、2005年
7) 土屋十圀：草木ダムの有効発電とその制御に関する手法、土木学会水工学論文集B1（水工学）、第56巻、pp.1483-1488、2012年
8) E.P.Odum著・三島次郎訳：基礎生態学、培風館、pp.10-11、1991年
9) 土屋十圀：河川改修技術と生態変動の評価、―水域環境のためのエコテクノロジーの評価と研究の視点―、平成9年度土木学会全国大会研究討論会17資料、p.11、1997年9月
10) 宮下 直・野田隆史：群集生態学、東京大学出版会、pp.59-61、2003年
11) 土屋十圀・諸田恵士：底生動物群集の多様性に及ぼす流況の確率論的特性、水文・水資源学会誌 第18巻 第5号、pp.521-530、2005年
12) 江村 歓・玉井信行・松崎浩憲：生態的なフラッシュ流量に関する考察と貯水池の連結操作による流況の改善について、土木学会・環境システム研究、pp.415-420、1997年
13) 渡辺幸三・吉村千洋・小川原亨司・大村達夫：Pulse型の人為的インパクトを受けた河川底生動物の回復予測モデル、土木学会論文集 No.748/Ⅶ-29、pp.67-79、2003年
14) 東京都建設局ホームページ
15) 国土交通省ホームページ
16) 東京都総務局ホームページ
17) 東京都：中小河川における都の整備方針、東京都内の中小河川における今後の整備のあり方について（最終報告書）、2012年11月
18) 東京都下水道局ホームページ
19) 砂口真澄・土屋十圀：都市域の雨水排水区を対象とした内水氾濫予測と減災対策に関する研究、土木学会論文集 B、pp.240-250、2008年
20) E, Kuichling:The Relation Between the Rainfall and Discharge of Sewers in Populous Districts,Transactions ASCE,vol.20,pp1-56,1889

5 結びに

　近年の水災害は、地球温暖化という人間活動がその要因の一つに加わった「水文・気象現象」である異常気象による豪雨災害と、地球内部のマグマ活動と地殻変動による「地球・物理的現象」である巨大地震による津波災害に二分される。これらは時間差を伴い、襲いかかってくる地球規模の水災害と位置づけることができる。われわれはこれらに立ち向かわなければならない時代にいることを強く認識させられる。

　第1章から第3章にかけては、主に河川の治水技術に関する研究活動などを通じて知り得た内容から課題を詳述し、また、東日本大震災の地震津波に関する土木学会の調査結果の一部を紹介するとともに、隅田川河口部の水門管理の重大性に関するシミュレーションの事例について述べてきた。さらに、第4章では、今あるストックと技術情報を活かし、これらと共存する方法による事例を紹介した。

　これまでに述べてきた河川の治水技術に関する課題は、地球温暖化問題からいえば、いわば適応策の一つということになる。一方、水災害に対する緩和策あるいはソフト面の適応策にも触れなければならない。しかし、後者に関しては、防災学に関する研究者の知見および政府や防災行政機関から発表されている諸施策は、防災白書をはじめ既往の著書などをお読みいただきたい。本章では、著者が最近、東京都庁、千葉県庁などで「水災害と環境」をテーマに講演・発表してきた内容を補完する形で、緩和策あるいはソフト面に関して述べる。

◆ 水災害の伝承

　われわれはグローバルな高度情報化社会の中で、地球規模の日本と世界の災害情報をほぼ毎日、インターネットやテレビで知ることができる。また、国内外の気象情報もテレビなどで詳しく知ることができる。しかし、水災害は毎年繰り返され、被災者は後を絶たない、年々増大する。「こんなにひどい災害になるとは思わなかった」とか、「50年住み続けているが経験したことがなかった洪水だった」という被災者のコメントをよく耳にする。つまり、それくらい、同じ場所に同様な水災害はなく、異なるところで発生していることが多い。いつ、どこで発生するかわからないといってもよい。予期しないところでも発生しているので、モグラたたきの状態に似ている。

　したがって、時空間的に変化する今日の水災害は、ほとんど、同じパターンで発生することはなく、社会と地球規模の激しい変化が、ますます不確実で予測しがたい状態に陥っている。そうなると、過去の経験や伝承から学び、いつでも応用できるように水災害から身を守る心構えと訓練をするしかないように思う。また、被害を軽減する技術と知恵を身に付けることしかないということになる。

　寺田寅彦は「颶風雑俎（そ）」の中で、「台風日本」という小タイトルで次のように述べている。「この国土に入り込んで住み着いたわれわれの祖先は、年々見舞ってくる台風の体験知識を大切な遺産として子々孫々に伝え、子孫は更にこの遺産を増殖し蓄積した。そうして、それらの世襲知識を整理し、帰納し、演繹してこの国土に最も適した防災方法を案出し、さらにそれらに改良を加えて最も完全なる耐風建築、耐風村落、耐風市街を建設していたのである。」と述べている。さらに「少なくとも二千年かかって研究しつくされた結果に準拠してつくられた営造物は昨年のような稀有の台風の試練にも堪えることができたようである。」ここで、稀有の台風とは1934（昭和9）年9月21日の「室戸台風」のことである。気圧は911.6hPaという猛烈な強さの台風が室戸岬付近に上陸し、淡路島を通って大阪に進んだ。死者2,702人、行方不明者334人、負傷者

14,994人。家屋の全半壊および一部損壊92,740棟、床上・床下浸水401,157棟、船舶の沈没・流失・破損27,594隻という被害を出した。特に、岡山市内の旭川では、上流に降った流域平均雨量が2日間で226mmにも達した。半日後に流出して増水し（推定値6,000㎡/s）、台風が通過した後に岡山市内は大洪水に見舞われ15カ所にわたって決壊、市域の大半が浸水した。

　寅彦は、台風の体験知識を大切な遺産として子々孫々に伝えること。その世襲知識を整理し、帰納し、演繹し（すなわち、科学的に）、国土に最も適した防災方法を見つけ出すことを強調している。

　この室戸台風には水災害継承の後日談がある。この未曾有の災害にあたって当時の内務省技官の安田憶治氏は、この水害で浸水した市域の私設7カ所を含む17カ所に最高水位を示す銅製のプレートを付けてまわり、後世への警鐘としようとした。2003（平成15）年9月、校内にこの水位標識の一つが残されているのを知った就実高等学校放送文化部では、岡山市内の水位標識の現状がどうなっているのかに関心を抱き調査を始めた。その結果、水位標識が今では9カ所しか確認できないことがわかり、このままではやがて失われてしまうのではないかと考え、保存活動を始めたという。さらに、新たな洪水の痕跡を発見したり、新しい水位標識を設置するなどの活動を2年がかりで行い、その様子をビデオ作品としてまとめた。このビデオ作品とCDに納めた写真などの資料をもとに防災教育用プログラムを作成した。1934（昭和9）年の室戸台風による洪水時の最高水位標識の保存運動を行った就実高等学校放送文化部は、第7回の日本水大賞を受賞している（河川協会誌より）。このような水害の伝承・啓蒙運動が寺田寅彦のいう精神につながっているものと考えられる。

　水害を含むすべての災害を伝承し、防災意識を高める取り組みは各地で定着している。その一つに「防災カレンダー」がある。「毎日見る」カレンダーに過去の災害が発生した日を記入することで、防災への意識を啓発するためのカレンダーの作成である。防災意識365日ということになる。山形県の事例を紹介する。**図5-1**は、災害の恐ろしさを再認識し、災害への危機意識と防災意識の向上を図る目的で作成された。県民の目

を引くようにするため、県内の主な災害には背景色をつけるよう工夫が施されている。カレンダーの上段には各月ごとに注意してもらいたい防災標語などが掲載されており、季節によって変化するカレンダーの特性を活かした構成になっている。例えば、2010年版の防災カレンダーでは、1月・2月・3月は「雪関連」、4月・11月・12月は「火事関連」、6月・7月・9月は「水害・土砂災害関連」、8月は「川遊び関連」、それ以外の月は「地震関連」について注意すべきポイントや防災への具体的なアドバイスが書かれている。また、戦前や江戸期、古くは9世紀に発生した出羽地震（850年11月27日）というように、歴史上被害の大きかった災害についても掲載されている。このような行政、学校、民間が工夫した災害伝承、啓蒙活動は重要な活動の一つといえよう。

図5-1　山形県防災カレンダー（山形県庁ホームページより）

◆ 2014年IPCC部会報告と適応策・緩和策

　気候変動に関する政府間パネル（IPCC）は、2007年の第4次評価報告書に続き、2013年9月に第1作業部会報告がスウェーデンで、2014年3月に第2作業部会報告が横浜で開催された。さらに、2014年4月に第3作業部会報告がドイツで行われ、次の第5次評価報告書を出すことになっている。

　これまでに確認されたことは、前者の部会は「温暖化の原因は、人間活動にある可能性が極めて高い（確率95％以上）」と評価し、2007年より明確にしている。「十分な対策をとらなければ、今世紀末の世界の平均気温は1986年から2005年の平均より最大4.8℃上昇する」と予測している。また、平均海水面が最大82cm上昇する。今世紀半ばで夏の北極海の海氷が消滅する可能性が高い。さらに、後者の第2作業部会報告は2.5℃の気温上昇では世界全体で年間最大148兆円の経済損失を招くとし、大規模な河川洪水の被害人口は3倍に増加する。海面上昇や高潮によりアジア地域などでは数億人が移住を強いられる。また、穀物生産量は10年ごとに最大2％減少するとしている。特に、最近（1980年から2010年）までの30年間は、1950年以降の先立つどの各々の10年間より高温が続いている。したがって、気候変動を抑制するには温室効果ガス排出量の大幅かつ持続的な削減が必要であるとしている。

　もっとも、著者が注目することは、気象現象とその将来の気候変動との関連性として熱帯低気圧（TC：Tropical Cyclone）の台風・ハリケーンなどである。TCの全球の数は「減少する」か「変わらない」のどちらかの可能性は高いとし、全球平均ではTCの最大風速と降水量は増加する可能性が高い。そして、強いTCは北西太平洋と北太平洋で増加するだろうとしている（鬼頭昭雄氏）。

　日本列島では、環境省の研究プロジェクトチームが3月17日にIPCCの最新シナリオに基づき試算している。それによると、このまま排出量が増えた場合、今世紀末は基準年（1981年から2000年）と比較して降雨量は9〜16％増え、海面は最大63cm上昇、砂浜は最大85％失われるとして

いる。気温の上昇率は、他の地域に比べて北海道、東北地方で大きくなる。全国では2,000億円程度の洪水被害額である。今世紀末には4,800億円を超える可能性があると推測されている。東北、中部、近畿、四国の河川の下流域では、市街地が広がっているため被害額が2倍を超える恐れがあるとしている。治水対策、防災のための適応策の重要性がますます高まっている。その他、標高の低い東北などでは、ハイマツ、ヒラビソなどの森林植生は消滅する。ブナも本州の太平洋側、西日本で減少するとしている。

　2007年に続く2014年のIPCCの報告は、世界が注目していた。二酸化炭素の削減目標を決め、2005年に発効した京都議定書では各国ごとの目標は、1990年比で日本△6％、米国△7％、EU△8％等、先進国全体で少なくとも5.2％削減を目指すとしていたが、目標期間の2008年から2012年で終了しても、EUを除いてほとんど達成されていない。しかも2％増加している状況にある。世界最大の36.1％の二酸化炭素排出大国の米国は京都議定書から豪州とともに脱退した状態が続いている。現実は、科学的なアプローチにより地球温暖化が明確になり、一日でも早く、タイムリーな適応策、緩和策を各国の人々は求めている。しかし、京都議定書の終了以降、先進国と後進国の意見対立、排出量の多いアメリカ、削減目標が後退している日本、さらに、後進国の中国、インドなどが加わっていないため、新たな目標が決められないでいる。政治の世界は経済のグローバル化で各国の利害が激突し、合意が得られないまま、時間だけが過ぎている。ジュネーブの国内移動監視センターは「洪水、台風などの災害により、2012年に世界で3,240万人が国内外への移住を余儀なくされた。その98％は気候災害によるもの」と報告している。国際赤十字などの支援機関は、自然災害により故郷を離れる「強制された移住」に注目している（読売新聞 2014.3.18）。

　2007年のIPCC報告のように、極端気象の水災害が18世紀の産業革命の時代からの地球温暖化のもとに起こっている人為的事象にも起因しているならば、端的にいえば、すでに社会・政治問題になっているということにほかならない。いわば、二酸化炭素排出総量を決めるべき「川上」

が政治・経済政策なら、「川下」は適応策や緩和策である。現在は「川上」が一致せずに決まらないけれど「川下」は各国の実情によりバラバラに判断して突き進んでいるということになる。しかし、ノーベル賞を受けたIPCCとこれに関わった世界の政策担当者、研究者、技術者などの努力を無にしないためにも、次の新しい合意に期待したい。

　改めて「激化する水災害から何を学ぶのか」という自問に対して、回答は一つではない。今日、水災害の根幹の課題はグローバルな社会性を深くもっている。それゆえに、研究者、技術者は個別の研究・技術を大切にしつつも、新たな水災害の構造に目を向け、減災技術とその総合化に向けた努力を惜しまないことだと強く感じている次第である。

あとがき

　執筆のスタートから半年が過ぎ、再び洪水の季節が巡り、7月には台風8号が上陸した。遥か沖縄諸島を過ぎたころから本州に架かる梅雨前線と呼応するように、山形県南陽市に河川氾濫をもたらした。同時に台風からの伸びる雨雲が中部地方の山間部にへばり付き、時間70mmの集中豪雨が木曽谷梨子沢に土砂災害を引き起こし、7月9日に一人の中学生の命を奪った。土石流発生とともにワイヤーセンサーが切断し、国土交通省多治見砂防国道事務所がこれを検知して、同上松出張所から南木曽町長に電話で連絡が入った。その2分後に役場から土石流が見えたという（信濃毎日新聞）。これでは一刻を争うときにワイヤーセンサーの役割が有効に機能しているとは言えない。自治体の防災無線に直結した防災システムを構築することはできないのだろうかと思う。また、各地の水害や津波災害と同様に、木曽でも過去の土石流災害の伝承があり、1953（昭和28）年の災害後に、後世への戒めのために「白い雨が降るとぬける」「蛇ぬけの水は黒い」「蛇ぬけの前はきな臭い匂いがする」という碑文が建立されていた。この伝承が生かされなかったのはなぜだろうか。

　国土交通省は、高精度の雨量レーダー「XRAIN」（エックスレイン）を全国に37基設置している。これは観測範囲が半径60kmで、リアルタイムで雨量データを送信できる。狭い範囲で起きる集中豪雨を見ることができる。しかしながら、長野・岐阜地方には設置されていなかった。ここでも自然に盲点をつかれた結果となった。エックスレインはゲリラ豪雨対策のために都市域を中心に設置してきたという。山間地域こそ過疎

で情報が少ない。また、山間部は防災のみならず、都市の人々が登山や観光を安全に楽しむためにも山岳気象情報としても必要なはずである。

　一方、この豪雨災害の3日後、7月12日早朝、東北沿岸と関東を中心にM7.0、最大震度4の地震が発生し、岩手・宮城県の沿岸部では10〜20cmの津波を観測している。大槌町の4カ所の避難場所では、早朝にもかかわらず多くの人が避難したという。低頻度の巨大な津波はいつかは発生するだろうが、高頻度の中小規模の津波に対しても空振りを恐れず「防災の日常化」に努めることが肝要なことと言える。

　このように、異なる自然災害が重複して発生する時代に突入したように思う。民間のハザードラボ情報では、大気中のラドン濃度の変動から地震を予測し、独自に発信している。NASAは頻発する地震を予知するため地球規模で観測している。温暖化とともに激しさを増す地球の「水文・気象現象」と地殻やマグマの「地球・物理的現象」は大規模な水災害を伴い、必ずどこかに起こすということに我々は強い危機意識をもつことが求められている。

　さて、日々変化する河川・水文分野の研究では、水の流れ、土砂の動き、生き物の動態が気象の変化や人為の影響をいかに受けているのかを理解することができる。学生たちは、野外の調査と観測を実体験することによって、観測データを見る目が養われていく。基礎や専門として学んだものが、更に確実なものとなっていくように思う。学生たちとともに関わった過去の調査・研究を振り返ると、計画どおりに研究を遂行できることは少なく、失敗もあり、試行錯誤の連続である。しかし、ローカルなエリアで行った研究から普遍的なことが見えてくれば素晴らしいことであり、達成感を共有することができる。それが次の前進を生み出す力になるのである。

　今日、大学や研究機関はプロセスより研究成果を求められ、教員も多忙を極めている。しかし、理研問題などをきっかけに大学や研究機関の在り方と科学への信頼性が問われている。研究者は研究費の確保も大切であるが、フィールドワークや実験の場で、もっと学生と関わる時間を

もつことが重要ではないだろうか。本書では、教学相長(きょうがくあいちょうず)の想いで、河川の水災害の研究に関わった学生たちの氏名を文中に記名させていただいた。改めて学生たちの協力に感謝する次第である。

　本書の出版にあたり、貴重な資料の提供を頂いた東京都建設局河川部をはじめ、津波痕跡調査では東北大学田中仁教授とグループの研究者並びに国土交通省仙台空港事務所、岩手県、宮城県、久慈市役所に資料の提供を頂き、お世話になりました。また、東日本大震災の土木学会調査活動では、国土交通省常陸河川国道事務所、ひたちなか市役所、株式会社国際航業および水文環境株式会社の協力を受けました。東京の中小河川への津波予測の研究では高崎忠勝さん（首都大学東京客員研究員）の協力を頂いた。この場をお借りして各位にお礼を申し上げる次第である。
　最後に、この書を上梓するにあたり、鹿島出版会事業部長の橋口聖一氏のご理解とご協力で、出版の機会を得ることができた。ここに深く謝意を表したい。

2014年 盛夏

土屋 十圀

索　引

あ
青山士　65
秋川（東京都）　143, 145, 146
安藝皎一　44, 48
阿武隈川（福島県・宮城県）　86, 98
荒川（東京都）　112, 113, 115
荒浜海岸（宮城県）　97

い
異常気象　4, 17, 75, 155
伊勢湾台風　13, 50, 55
1998年台風第5号　51, 54
1981年台風第15号　51
一次元不定流モデル　46
一級河川　15, 71, 86, 107, 120
一定率一定量方式　132
一般資産水害密度　17
井土浜海岸（宮城県）　99

う
牛枠工　31, 33, 35〜41
雨水整備クイックプラン　20, 21
雨水排水処理　18
雨水ます　22, 152

え
XRAIN（エックスレイン）　163
遠隔操作　118
遠心流　39, 40
堰堤　80

お
大河津分水路　65
織笠川（岩手県）　81, 82
オンサイト　22, 152
温室効果ガス排出量　159
温泉水　142

か
海岸線　81, 82, 90, 94, 96, 99, 100
海岸堤防　77, 80, 85, 90, 94, 95, 98, 103
海岸防災林　90, 91, 94〜96
海岸保全施設　90, 99
海岸林　90, 94, 96〜98
外水氾濫　17
開発万能主義　63
夏期制限水位　131, 132, 134
攪乱規模　142〜145
攪乱頻度　143〜146
過酷災害　77
重ね合わせ法　46〜48
火山泥流　142
河床勾配　30, 84, 86〜90
河床高さ　87, 88
河床変動　32, 45
カスリーン台風　17, 41, 42, 44, 46, 47, 49, 52, 54〜56
河川管理瑕疵　68, 69
河川計画　44, 65, 70, 121, 151
河川合流部　45
河川護岸　80
河川生態系の攪乱　142
河川占用　63
河川遡上　78, 80, 86, 88, 89
河川堤防　77, 79, 86, 118
河川伝統工法　30〜32, 41
河川の生態系　30
河川法改正　42
渇水　131, 141, 142, 145, 146
カテゴリー5　11, 13
河道掘削　64
河道計算法　46, 48
河道貯留効果　43, 45, 48, 49
狩野川台風　66

亀島川水門（東京都）　120, 124
烏川基準点　46
環状七号線地下調節池　23～25
慣性力　101
観測水位　115, 123
神田川（東京都）　66, 68～71, 73,
　　118～121, 124, 147, 149, 150
神田川水害裁判　66, 68
Gumbel法　26
緩和策　155, 159～161

き
気候変動に関する政府間パネル（IPCC）
　　3, 13, 159
北浅川（東京都）　143, 145, 146
北上川（岩手県・宮城県）　13, 86,
　　89
基底流量　135, 137～140
Kinematic wave法　46
基盤地図情報　126
基本高水　41～44
競争的排除　142, 143, 146
京都議定書　160
局地的集中豪雨　150
巨大地震　4, 77, 78, 112, 118, 119,
　　123, 125, 155
巨大台風30号（ハイエン）　11, 13
巨大津波　77, 91, 94
緊急3か年整備計画　67
緊急整備5か年計画　67

く
空間的降雨分析特性　51, 54
久慈川（福島県・茨城県）　83, 84,
　　103, 108, 109, 111

け
計画高水流量　28, 42, 43, 49, 64
計画津波高　91, 84, 95, 102
下水道計画　70, 152

下水道の吐口制限　70
ゲリラ豪雨　19, 73, 148, 163
現況天端高　91
原発災害　77
兼用道路　107, 109, 111

こ
固定床実験水路　33
広域調節池　150
降雨解析　26, 52
降雨確率年　150, 151
降雨強度　25, 26, 73, 151, 152
降雨継続時間　26
豪雨対策下水道緊急プラン　21, 151
降雨・流出現象　73
洪水イベント　46, 135～137
洪水攪乱　142, 144, 146
高水敷　63, 80, 113
洪水ピークカット流量　26, 28
洪水流出解析　43, 45
合成粗度係数　39, 40
後背湿地　30
合理式　73, 152
後流　36, 37, 41
合流式（下水道）　18, 21, 22
抗力係数　36, 39, 40
護岸構造　30
古文書　62
固有流量　45
痕跡高　79

さ
サイクロン　141
再現計算　121, 124
最大使用水量　132
最大津波高　110, 119, 123
サージング現象　105
3Q対策　21
酸性水　142
三大都市圏　69

三陸海岸　88
三陸南沿岸　96
残流域　43, 54

し

市街地面積　69
時間50mmの降雨　67, 151
時間30mmの降雨　67
時間75mm降雨　21, 150, 151
時間65mm降雨　150
次元解析　33
地震・津波　77, 108, 119
自然公物　71, 72
自然堤防　30
事前放流量　135
地盤標高　95, 96
シビルミニマムの設定　67
社会基盤　77
従属支川　45
従属発電　131
縦断陥没　106～108
集中豪雨　18, 20, 25, 68, 73, 149～151, 163
首都直下地震　118
樹木伐採　64
捷水路　30
消波工　99～101
植生密度　98
諸国山川掟　61, 62, 65
新河岸川（東京都）　112～114
浸水予想区域図　147
Simpson指数　143, 145, 146
森林面積率　56, 57

す

水位観測所　80, 104, 107, 109, 110, 113
水位偏差　113～115, 118, 121, 123
水位変動　86, 87, 105, 111～113, 141

水害の伝承・啓蒙運動　157
水制工　32, 33, 35, 39
水平波力　100～102
水門管理　108, 113. 155
水文データ　153
水門閉鎖　113, 118, 124, 125
水理構造物　39
水理実験　25, 32, 36, 45, 99
スーパー台風　11, 13
隅田川（東京都）　112～115, 118, 120, 121, 155
隅田川清澄排水機場　115, 118, 121
ずらし時間　135, 138～140

せ

セイシュ（静振）　108, 109
生物多様性　141, 143, 146
セグメント　30
摂待川（岩手県）　80, 81, 89
潜在植生　98
仙台湾沿岸　96

そ

総合治水対策　74
想定津波の外力　120
遡上高　79, 88, 91, 94～97, 102
粗度係数　33, 121, 126
ソフト対策　74, 132
ソリトン分裂　105
損害賠償請求　68

た

大東水害訴訟　69, 71
第4次評価報告書　159
高潮水門ゲート　80
高潮対策　98, 118
高潮堤防　85
高田松原海岸　95
蛇行　30
多自然川づくり　31

建物占有率　126
ダム湖流域　43
ダム従属式　131, 132, 134
ダム操作規則　46, 135
ダム調節　41〜43, 48
多目的ダム　30, 131
タンクモデル法　135, 137, 138

ち

地下河川　22, 23
地下調節池　22, 23, 25
地球温暖化　17, 49, 63, 75, 141, 155, 160
治水安全度　16, 23〜25, 28, 41, 42, 55, 64
中規模攪乱説　143
中小河川の水害　14, 41, 66
超過確率　143〜146, 150
調節池　22〜27
調節容量　42
直接流量　137
貯留関数法　42, 44, 46
沈下量　123, 124, 126

つ

津波外力　103
津波痕跡調査　80, 111
津波除外水位　121, 123
津波遡上距離　86, 87, 90
津波高　78, 97〜99, 118, 119
津波断層モデル　119
津波到達速度　109
津波の伝播速度　126
津波の流体力　80, 99
津波氾濫　83, 119

て

堤外地　17, 18
低減効果　26, 28, 43, 48, 49, 101
底生動物　143, 145, 146

堤内地　17, 84, 107, 109
堤防表のり面　80
堤防天端高　97, 124
適応策　49, 75, 146, 149, 155, 159〜161
寺田寅彦　61, 156, 157
デルタ地形　30
天災論　72
貞山堀（仙台市）　97

と

等雨量線　49〜52
東海豪雨　14, 61
透過型　32, 100, 101
東京都の治水対策　67
東京の被害想定　118
東北地方太平洋沖地震津波　118
独立支川　45
都市型水害緊急検討委員会　147
都市水害　66
都市の豪雨災害　147
土砂災害　3, 13, 58, 163
都心部の氾濫状況　126
土地利用状況　56, 64
利根川水系工事実施基本計画　41

な

内水氾濫　17
那珂川（茨城県）　14, 78, 103〜109, 111, 112
中丸川　106, 108, 119
名取川（宮城県）　89, 97
波のエネルギー　100
鳴瀬川（宮城県）　88, 89
南海トラフ地震　118
南海トラフの巨大地震モデル検討会　118, 123

に

二級河川　15, 86

二段構え　98, 99, 102
日雨量分布　54
日本橋川（東京都）　118〜122, 124
日本橋水門（東京都）　120, 121, 124〜126
日本列島改造論　66
ニューラルネットワーク　114
認可最大出力　132, 134

ね
根固め工　30
熱帯低気圧　159

の
野田浜海岸　102

は
ハイエトグラフ　52, 53, 74
背後地森林　96
排水区　152
排水到達時間　152
配分容量　42
ハザードマップ　74, 147
発生頻度分布　149, 151
発電専用ダム　131, 132
ハード対策　74, 108
パラメーターの同定　46
反射波　100, 115
氾濫原　17

ひ
東日本大震災　61, 72, 79, 92, 93, 112, 155
樋管水門　109
非超過確率　144〜146
涸沼川（茨城県）　103, 107, 108
100mm/h安心プラン　148, 151
漂流物　77, 81〜85

ふ
不浸透域　70
譜代海岸（岩手県）　85
不透過型　32, 100, 101
浮力　83
フルードの相似則　33
ブロック付マット　106
分流式（下水道）　18, 19, 21

へ
閉伊川（岩手県）　79, 80, 82, 83
平均河床勾配　89
平均朔望満潮位　124
偏流　33, 39, 40

ほ
防護林　80
防災カレンダー　157, 158
豊水流量　143〜146
防潮林　77, 86, 90〜96, 98〜103
防潮林模型　99
包絡線　134

ま
満潮位　123

み
水災害の伝承　156
水循環　30
水刎ね効果　33, 39
乱れ強度　36, 37

む
無効放流　131, 133〜135
室戸台風　50, 156, 157

も
模型水路　33
盛土堤防　108, 111

や
八斗島基準点　　42〜44, 50, 51, 55
山の手水害　　66

ゆ
有効落差　　132

よ
横出し水制　　32, 35, 39

り
リアス式海岸　　88, 96
流域貯留浸透事業　　148
流下能力　　64, 68
流況曲線　　144, 145
流出解析　　45, 57, 135, 137, 138
流出係数　　70, 152
流水断面　　36, 64
流速低減効果　　33, 36
流体力　　30, 32, 80, 83, 99
流量変動　　142, 144, 146

れ
レイノルズ応力　　38, 39
レベル1　　118

わ
ワイヤーセンサー　　163
湾曲部　　32〜36, 39, 40

著者略歴

土屋 十圀（つちや みつくに）

1946年　長野県生まれ
1972年　中央大学大学院理工学研究科修士課程修了
1972年　東京都建設局に勤務
　　　　東京都土木技術研究所河川研究室にて都市河川の水理・水文・環境の研究に従事
1988年　東京都土木技術研究所河川研究室主任研究員
1998年　前橋工科大学工学部建設工学科（現社会環境工学科）教授。工学部長・副学長を歴任
2006年　中央大学理工学研究所・大学院兼任講師
2012年　前橋工科大学名誉教授
専門は、河川工学・水文学・自然共生システム論
博士（工学・東京工業大学）、技術士（建設部門）
土木学会フェロー

主な共著書

『都市の中に生きた水辺を』（信山社）
『親水工学試論』（信山社サイティック）
『水ハンドブック』（丸善出版）
『水文・水資源ハンドブック』（朝倉書店）
『全世界の河川事典』（丸善出版）